INDIGO IN KULTUR, WISSENSCHAFT UND TECHNIK

Seefelder

INDIGO
Kultur, Wissenschaft und Technik

ecomed

Dieses Werk will Sie informieren. Die Angaben sind nach bestem Wissen zusammengestellt; dennoch sind Fehler nicht vollständig auszuschließen. Aus diesem Grund sind alle Angaben mit keiner Verpflichtung oder Garantie der Autoren und des Verlages verbunden. Sie übernehmen infolgedessen keinerlei Verantwortung oder Haftung für etwaige inhaltliche Unrichtigkeit des Buches.

Geschützte Warennamen (Warenzeichen) werden nicht immer besonders kenntlich gemacht. Aus dem Fehlen eines solchen Hinweises kann nicht geschlossen werden, daß es sich um einen freien Warennamen handelt.

Die Deutsche Bibliothek – CIP-Einheitsaufnahme

Seefelder, Matthias:
Indigo in Kultur, Wissenschaft und Technik / Matthias Seefelder. – Landsberg : ecomed, 1994
  Engl. Ausg. u.d.T.: Seefelder, Matthias: Indigo
  ISBN 3-609-65150-4

Titelbild: Isatis tinctoria

Indigo
in Kultur, Wissenschaft und Technik
Verfasser: Prof. Dr. Matthias Seefelder
2. überarbeitete Auflage
© 1994 ecomed verlagsgesellschaft AG & Co. KG, Landsberg
Rudolf-Diesel-Str. 3, 86899 Landsberg
Tel. (0 81 91) 125-0, Fax: (0 81 91) 125-492

Alle Rechte, insbesondere das Recht der Vervielfältigung und Verbreitung sowie der Übersetzung vorbehalten. Kein Teil des Werkes darf in irgendeiner Form (durch Photokopie, Mikrofilm oder ein anderes Verfahren) ohne schriftliche Genehmigung des Verlages reproduziert oder unter Verwendung elektronischer Systeme gespeichert, verarbeitet, vervielfältigt oder verbreitet werden.

Satz: Fotosatz Buck, Kumhausen
Schriften: Zapf International mager 13/14
Auszeichnungen: Zapf International mager kursiv
Satzverfahren: Type Industry
Reproduktionen: Repro Griesbeck, Landshut
Druck: Vereinigte Buchdruckereien, Bad Buchau
Druckverfahren: Offset
Bindung: Fadenheftung
Gestaltung und Umschlagentwurf: Gebrauchsgraphik A. Hierl, München
Papier: Silverblade, 150 g/m^2, CF
Einbandmaterial: Leinen. Der innere Kern besteht aus 100 % Recycling-Pappe, das Bezugsmaterial aus Viskose-Zellwolle.
Verpackung: Kartonagen bestehen zu 100 % aus Recycling-Pappe; Pergamin-Einschlagpapier entsteht aus ungebleichten Sulfit- und Sulfatzellstoffen.
Printed in Germany: 650150/394205
ISBN: 3-609-65150-4

Inhalt	Seite
ERLEBNIS FARBE	7
TEXTILES BLAU	15
DER INDIGO	19
DER FÄRBERWAID	23
DIE BLAULÜCKE IN DER MALEREI	27
DIE BLAUFÄRBEREI	41
INDIGO IN DER WISSENSCHAFT	43
DIE ÄRA DER TEERFARBSTOFFE	50
STRUKTURAUFKLÄRUNG UND SYNTHESE	55
DIE TECHNISCHE SYNTHESE	60
RIVALEN	64
REFUGIEN	69
DER PURPUR	78
INDIGO UND PURPUR	91
DAS COMEBACK	93

INDIGO

Indigo – das ist ein Name, von dem über Jahrhunderte eine große Faszination ausging. Auch heute noch ist es fesselnd, die Spur dieser Substanz in Kultur und Wissenschaft, aber auch in der Technik zu verfolgen. Nicht nur, weil sie von alter Vergangenheit bis in unsere Tage reicht, sondern vor allem auch, weil der Indigo manch interessanten kulturhistorischen Aspekt in nicht selten überraschende Zusammenhänge stellt.

ERLEBNIS FARBE

Sich dem Indigo zu widmen, verlangt zunächst, über die Bedeutung von Farbe nachzudenken.

Für uns Heutige ist die Gestaltung unserer Umwelt mit Farbe zu einer Selbstverständlichkeit geworden. Farbe gehört zum Besitzstand unserer Zivilisation. Deshalb können wir uns kaum mehr vorstellen, was Farbigkeit früher bedeutet hat. In der kulturellen Entwicklung der Menschen regte sich das Streben danach schon von Anbeginn.

Bereits sehr früh, als der Mensch das Leben nicht nur als Überleben, sondern auch als Erleben zu begreifen begann, setzte der Umgang mit Farbe ein. So deuten Farbspuren in frühsteinzeitlichen Gräbern auf Körperbemalung hin, eine Tradition, die bis heute nicht abgerissen ist – in welchem Kulturkreis auch immer. Das gilt sogar auch für den unsrigen.

Die frühesten Überlieferungen von kultischer Verwendung von Farbe sind die großartigen Höhlenmalereien, die der Cromagnon-Mensch irgendwann zwischen 30000 und 10000 v. Chr. im französisch-spanischen Grenzgebiet hinterlassen hat. Deren Ausdruckskraft und Virtuosität sind oft genug gewürdigt worden. Die Künstler dieser Zeit – sie verdienen diese Bezeichnung – verfügten zwar über eine breite Farbpalette in nuancierter Abstufung, was ihnen jedoch fehlte, war das Blau! Und damit fehlte auch das Grün, das durch Vermischen von blauem Pigment mit Ockergelb hätte hergestellt werden können.

Versetzen wir uns nun in die Lage jener Frühmenschen und gehen in Gedanken auf die Suche nach Blau, so sehen wir paradoxerweise genügend Blau um uns herum: am Himmel, im Wasser. Und auch so manche Blüte und Frucht ist intensiv blau. Doch das eine Blau ist nicht greifbar, das andere nicht beständig.

Im Tierreich finden wir zwar auch Blau; aber wo es in Erscheinung tritt, beruht es meist nicht auf blauen Farbstoffen oder Pigmenten, sondern der Sinneseindruck ist die Folge von besonderen physikalischen Lichteffekten, die durch Interferenz-Phänomene hervorgerufen werden. Nach dem gleichen Prinzip, das die Farbigkeit von Seifenblasen oder von dünnen Ölfilmen auf dem Wasser entstehen läßt, kommt die blaue Farbe der Flügel der Schmetterlinge und Käfer und der Federn der Vögel zustande. Diese Farbigkeit ist aber untrennbar mit der Struktur des Materials verbunden. Eine Nutzung für färberische Zwecke ist ausgeschlossen.

Ausschnitt aus der Felsmalerei der Höhle von Lascaux in der Dordogne. Der Cromagnon-Mensch verwendete souverän eine fein abgestufte Farbpalette; allerdings fehlte ihm das Blau und damit auch das Grün.

Im Tierreich ist das Blau nicht selten. Der Farbeindruck entsteht allerdings nicht durch Pigmente, sondern ist die Folge von physikalischen Lichteffekten, die durch Interferenzphänomene hervorgerufen werden. Es läßt sich also kein Farbstoff isolieren. Wer dieses Blau nutzen will, muß das ganze Material verwenden. So decken Federn und Insektenflügel heute noch den Bedarf der Indianer Südamerikas an Blau für Schmuckzwecke.

Oft stillte man den Wunsch nach schmückendem Blau dadurch, daß Federn oder Insektenflügel zu Schmuckzwecken verwendet wurden. Bei den Indianern Süd- und Mittelamerikas war das und ist es heute noch sehr verbreitet.

Ziehen wir aus diesen Beobachtungen ein Fazit: Die Natur kam zwar den aufstrebenden kulturellen Bedürfnissen des Menschen, sich eine eigene farbige Welt zu schaffen, entgegen, im Spektralgebiet Blau jedoch ließ sie eine Lücke. Die Wertschätzung dieses Farbtones oder gar die Sehnsucht danach klingen noch in Begriffen wie „königsblau" oder in der Metapher von der „blauen Blume der Romantik" durch.

Die Historiker kündigen gerne an, den „roten Faden" zu verfolgen, wenn sie sich für eine Entwicklungslinie interessieren. Ich möchte einmal im wahrsten Sinne des Wortes den „blauen Faden" verfolgen.

Indigofera tinctoria, kolorierter Kupferstich von Nicolaus Friedrich Eisenberger aus dem Kräuterbuch der Elisabeth Blackwell, Nürnberg (1765). Dieser in subtropischen und tropischen Gebieten wachsende Schmetterlingsblütler wurde früher landwirtschaftlich angebaut. Aus seinem zerkleinerten und vergorenen Pflanzenmaterial wurde Indigo isoliert.

Indigofera. 1–4. Blüthe / 5–6. Frucht / 7. Saame. Anil.

TEXTILES BLAU

Die Ursprünge der Fertigkeit, textilem Material die begehrte Blaufärbung zu verleihen, liegen – wie so vieles aus unseren kulturellen Anfängen – im Dunkeln. Zwar hielt die Natur eine Möglichkeit bereit, aber der Zugang lag nicht offen. Er mußte durch eine spezielle Technologie erfunden und erschlossen werden.

Die Natur bot vor allem zwei große Pflanzenfamilien an, die eine Substanz enthalten, die sich nach Aufschluß und Aufbringung auf die textile Faser in eine herrlich blaue Färbung umwandelt.

In den tropischen und subtropischen Gebieten sind es zahlreiche Spezies der buschigen Indigofera-Gewächse. Von diesen Schmetterlingsblütlern, die mit den Wicken verwandt sind, kennt die Botanik inzwischen mehr als 500 Arten. Einen bemerkenswert hohen Gehalt am farbgebenden Prinzip hat die *Indigofera tinctoria*, die deswegen auch landwirtschaftlich angebaut wurde.

In den gemäßigten Zonen wuchs und wächst heute noch ein Kreuzblütler, der in botanischer Verwandtschaft zu den Kohlgewächsen steht.

Sein lateinischer Name *Isatis tinctoria* bzw. sein deutscher Name Färberwaid zeigen an, wozu er verwendet wurde. Diese relativ weit verbreitete Pflanze enthält in ihren Stengeln allerdings wesentlich weniger Farbstoff als die tropische Indigofera und ergibt wegen der Verunreinigung durch Begleitfarbstoffe einen trüberen Farbton.

Färberwaid, Isatis tinctoria, ist ein Kreuzblütler, der in den gemäßigten Klimaten relativ weit verbreitet ist und vor allem im Mittelalter in Europa intensiv angebaut wurde. Aus seinem Stengelmaterial konnte durch Vergärung schließlich eine blaue Färbung gewonnen werden, die man erst im vorigen Jahrhundert als Indigo identifiziert hat.

Das Interessante an der Färbetechnik mit diesen Pflanzen ist, daß sie eine Urform angewandter Biotechnologie beinhaltet. Denn in beiden Pflanzenstämmen liegt der Farbstoff nicht als solcher vor, sondern dessen farblose Vorstufe, die wir heute Indoxyl nennen.

Natürlicher Indigo

Indican (Indigofera tinctoria)

Isatan B (Isatis tinctoria)

Indoxyl   Indigo

An das Indoxyl ist, je nach Pflanzenart, ein bestimmtes Zuckermolekül chemisch gebunden. Die Verknüpfung zwischen den beiden muß durch einen Fermentationsprozeß gelöst werden. Dazu wurde einst das zerstoßene Pflanzenmaterial angemaischt und unter Zusatz von Urin vergoren. Dieser Prozeß erfolgte in Kübeln, und die erhaltene Brühe nannte man – dem Wortstamm folgend – Küpe. Das gesponnene oder gewebte Fasermaterial wurde damit getränkt. An Luft und Sonne gebracht, geschah ein Wunder: Ein blauer Farbton entstand auf der Faser, und zwar in einer solchen Lichtechtheit, daß ihm selbst die Tropensonne praktisch nichts anhaben konnte.

Indigo in Substanz. In
dieser Form wurde In-
digo bis in unser Jahr-
hundert hinein gehan-
delt. Seine Gewinnung
und die Färbetechnolo-
gie basierten auf bio-
technologischen Pro-
zessen.

Das Färben mit Indigo
zählt zusammen mit
der alkoholischen Gä-
rung, dem Backen von
Brot aus gesäuertem
Teig, der Ledergerberei
und dem Herstellen
von Käse zu den frü-
hen biotechnologischen
Errungenschaften der
Menschheit.

Der biochemische Prozeß der Indigofärberei ist deshalb neben der alkoholischen Gärung, dem Brotbacken mit Sauerteig, der Herstellung von Leder und Käse eine weitere Art der Biotechnologie, die schon sehr früh zum Kulturgut der Menschheit gehörte. Erstaunlicherweise ist die Indigofärberei in allen Kulturkreisen, mit Ausnahme von Australien, früh nachgewiesen. Ob hier Erfahrungsaustausch – heute würden wir sagen: Know-how-Transfer – oder unabhängige Auffindung zugrunde liegt, kann bisher praktisch kaum entschieden werden. Es hat wohl beides gegeben.

Während bei der Nutzung der Indigofera wahrscheinlich die Weitergabe des Wissens eine große Rolle gespielt hat, gibt es auch Beispiele für unbeeinflußtes Auffinden in den Hochkulturen der Neuen Welt. Darauf will ich später eingehen.

In Zentral- und Ostasien wird heute noch eine andere Pflanze benützt, um den blauen Farbstoff zu gewinnen. So wird zum Beispiel in Japan auf der Insel Shikoku auf großen Flächen der Morgenländische Knöterich *(Polygonum tinctorium)* angebaut, der zum Blaufärben verwendet wird. Er stammt wohl aus Cochin-China (Indochina).

DER INDIGO

Der Ursprung der Blaufärberei mit Indigofera-Arten ist nach heutigem Wissensstand auf dem indischen Subkontinent zu suchen. Der Name, vom griechischen „τὸ ἰνδικόν", also „das Indische", abgeleitet, führt in die – wie wir heute wissen – durchaus richtige Richtung.

In alten Ausgrabungsstätten lassen sich eindeutig entsprechende Einrichtungen aus dem 3. Jahrtausend v. Chr. nachweisen.

So fand ich in Pakistan in den ausgegrabenen Ruinen von Mohenjo Daro, das ein Zentrum der alten Induskultur war, in Stein gesetzte Färbevorrichtungen. Daß in diesen Steinmulden mit Indigo gefärbt wurde, beweisen heute noch vorhandene Spuren des Farbstoffes in den Fugen und Ritzen. Die über fünftausendjährige Beständigkeit unter subtropischen Bedingungen ist ein überzeugender Beweis für die ungewöhnlichen Eigenschaften dieses Farbstoffes.

Von Indien aus trat der Indigo seinen Siegeszug an. In den frühen Hochkulturen des Zweistromlandes an Euphrat und Tigris, also bei den Sumerern, den Babyloniern und Assyrern, war der Indigo für die dort bevorzugte Wolle hochgeschätzt, weil er auf diesem Substrat besonders echte und tiefe Färbungen erbringt.

In der Ausgrabungsstätte von Mohenjo Daro im Indus-Tal wurden ausgemauerte Mulden freigelegt, in denen offenbar Indigofärbungen durchgeführt worden sind. In den Ritzen der Steine finden sich heute noch Spuren dieses Farbstoffes.

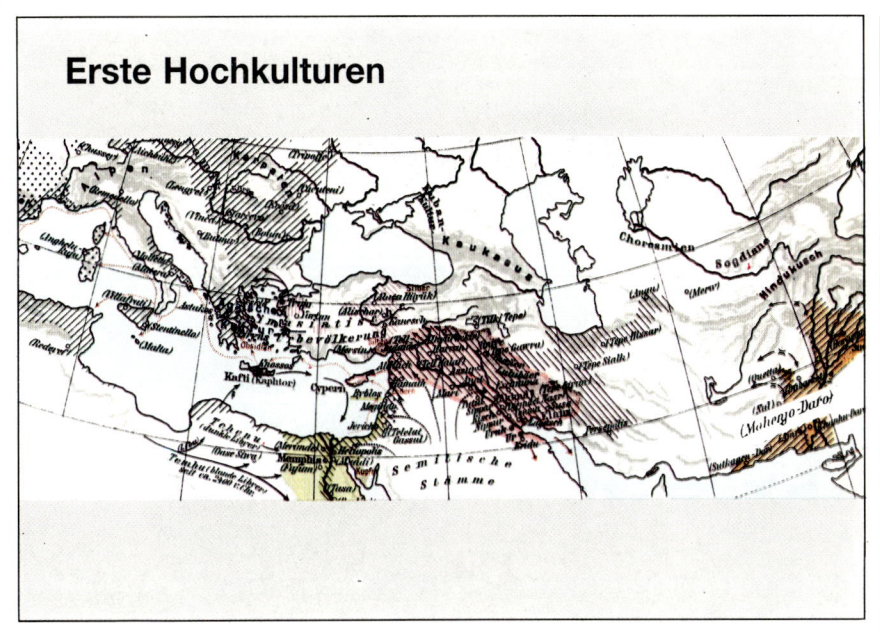
Erste Hochkulturen

Die Ägypter, die in der Herstellung von Leinen eine unerreichte Meisterschaft entwickelten, färbten dieses Material ebenfalls gerne mit Indigo. Von dort kennen wir indigogefärbte Textilien, die sich in den Grabkammern wegen der trockenen, konservierenden Wüstenluft gut erhalten haben, z.B. aus der Zeit der XVIII. Dynastie (16. Jahrhundert v. Chr.).

Auch im „Papyrus Stockholm" aus dem 2. und 3. Jahrhundert geben uns die Ägypter ein Rezept, blau zu färben: „Nimm ungefähr 1 Talent (ca. 25 Kilo) von Waid und lege sie in die Sonne in einem Behälter mit einer Kapazität von wenigstens 600 Litern und verpacke es dicht. Dann gieße Urin zu, bis er den Waid abdeckt und lasse alles heiß werden in der Sonne. Am nächsten Tag trete herum im Waid in der Sonne, bis er wohlbenetzt ist. Das muß 3 Tage lang gemacht werden." Auf diese Weise ließ sich der Indigo wohl auch in Substanz gewinnen.

Der Handel mit vielen kostbaren und begehrten Gütern zwischen Indien und Europa, vor allem jedoch Ägypten, war umfangreich und dehnte sich hin über Jahrhunderte. Aus dem ersten nachchristlichen Jahrhundert haben wir den „Periplus", die Beschreibung der Küstenfahrt durch den karthagischen Kapitän Hatto. Er geht auch auf den Güterhandel im Hafen von αραβια εὐδαίμων ein, dem Hafen, der für die Händler und Küstenschiffer ein idealer Handels- und Umladeplatz war.

Der Kapitän führt eine lange Liste auf über Waren, die aus Indien kamen. Darunter ist der Indigo. Der Name des Hafens, der heute Aden ist, war „glückliches Arabien". Er hat sich später auf die ganze Halbinsel übertragen.

Später belegt Plinius der Ältere für das römische Weltreich in seiner „Naturalis historia" die hohe Wertschätzung des Indigos, wobei er erstaunlicherweise dessen Verwendung als Pigment in den Vordergrund stellt. In seiner naturwissenschaftlichen Genauigkeit beschreibt er auch die Tricks, mit denen clevere Händler das begehrte Produkt zu strecken suchten, indem sie Kreide mit Färberwaid färbten.

DER FÄRBERWAID

Dieser Färberwaid war im europäischen Raum verbreitet und wurde seit der frühen Eisenzeit von den Germanen zur Herstellung von blauen Textilien genutzt, wie der Moorfund von Thorsberg beweist. Die Fermentationstechnologie mit Färberwaid war der asiatischen Indigofärberei sehr ähnlich; da die Färbungen jedoch stumpfer und trüber ausfielen, blieb die Erkenntnis eines gemeinsamen färberischen Prinzips verborgen. Der Nachweis der Identität war später der Wissenschaft vorbehalten.

Plinius berichtet über das Zusammentreffen römischer Legionen mit den Kelten in Britannien in den Jahren 44 und 45 v. Chr.: „Omnes vero se Britanni vitro inficiunt, quod caeruleum efficit colorem, atque horribliores sunt in pugna aspectu." („Alle Briten färben sich selbst mit Waid, was sie blau macht, in der Absicht, daß in der Schlacht ihre Erscheinung schrecklicher sein würde.")

Auch Julius Caesar hatte in „De Bello Gallico" diese Praxis bereits erwähnt. Ob die Kelten damit allerdings eine Abschreckung des Gegners beabsichtigten, bleibt unklar. Der Verfasser schrieb seinen Bericht über den gallischen Krieg als politische Werbeschrift, und da seine Erfolge in Britannien begrenzt geblieben waren, hatte er allen Grund, die dortigen Bewohner als besonders gefährliche und wilde Gegner zu schildern. Vermutlich hatte dieser Brauch kultische Motive, vielleicht entsprach er auch einem besonderen Schönheitsideal. Plinius der Ältere berichtet nämlich auch, daß sich dort auch Frauen und Mädchen bei bestimmten Feierlichkeiten ihre Körper mit dem Blau aus Waid einrieben und so einer textilfreien Mode frönten.

Tacitus schreibt in „Germania" 6,1: „Nur die Schilde bemalen sie mit auserlesenen Farben." Man kann daraus den Schluß ziehen, daß die Germanen ihre aus Bohlen gefertigten Schilde mit Pflanzenfarben gefärbt haben. Dies bestätigt ein auf der Insel Bornholm gemachter Fund. Die Bretter dieses Schildes waren blau; sie waren nachweisbar mit dem Waid-Farbstoff eingefärbt.

Ein kulturhistorisches Zeugnis aus dem frühen Mittelalter ist der Erlaß Karls des Großen, der jeden seiner Meier- Höfe zum Anbau einer gewissen Fläche Färberwaid verpflichtete. Durch diese Bestimmung, die nach einer schweren Hungersnot erlassen wurde, sollte die Eigenversorgung gesichert und die Wirtschaftlichkeit erhöht werden. Zugleich half sie wohl auch, Devisen zu sparen – um in modernen Kategorien zu denken.

[D]en Germanen der [E]isenzeit war die Färbung mit dem Waid-[F]arbstoff ebenfalls [s]chon geläufig, wie der [r]ekonstruierte) Pracht[m]antel von Thorsberg [z]eigt.

Der Bedarf der Franken an diesem prächtigen Farbstoff war groß, war doch der blaue Mantel das Abzeichen des freien Mannes. Es muß ein unbeschreiblich schöner Anblick gewesen sein, wenn auf den Ruf des Frankenherrschers Tausende dieser blaugekleideten Reiter zum Königstag zusammenströmten.

Im Mittelalter gedieh Thüringen zu einem Gebiet, in dem der Anbau von Färberwaid weithin betrieben wurde, und der Waidmarkt auf dem Anger war die wichtigste Straße in Erfurt (Messprivileg 1331). Die Waidbauern waren durch geschickte Vermarktung zu so viel Reichtum gekommen, daß sie 1392 in Erfurt die materielle Basis für die Gründung einer Universität schufen. Sie konnten nicht ahnen, daß sie mit dieser Spende für die Wissenschaft eine Entwicklung förderten, die eines fernen Tages dem Waidanbau die wirtschaftliche Grundlage entziehen sollte. Aber so weit sind wir noch nicht.

DIE BLAULÜCKE IN DER MALEREI

Hier, im Mittelalter, lohnt sich ein Abstecher in die Malerei.

Denn auch in der darstellenden Kunst dieser Epoche gab es die vorhin schon erwähnte Blaulücke. Zwar tauchte im Orient, und vor allem in Ägypten, schon früh der Azurit als Farbpigment auf; aber dessen Verwendung blieb wegen der relativen Seltenheit des Materials sparsam.

Die genaue Lage der Fundorte des Lasursteins wurde wohl erst durch Marco Polo bekannt. Er hat den Platz 1298 besucht. Es ist nach seiner Erinnerung „Baldasya", also wohl Badakschan nördlich des Hindukusch.

n alten Ägypten war as Blau hochgeschätzt. Es erlebte eine esondere Blüte, als an die Herstellung er sogenannten lauen Fritte aus upfererzen zu beherrchen wußte. Auch iese Grabbeigaben urden damit glasiert.

Den chemisch schon recht versierten Ägyptern gelang es, unter Verwendung von Kupfererzen einen blauen Schmelzfluß herzustellen, die „blaue Fritte". Diese fand als Ägyptischblau im ganzen Orient und bald darüber hinaus Verwendung und diente in gemahlener Form auch als Pigment für die Malerei, die im Altertum bekanntlich im wesentlichen Wandmalerei war. Unterwasser-Archäologen haben in einem Schiffswrack bei Ulu Burun (Türkei) einen 100 kg schweren kobaltblauen Glasbarren gefunden, der als Ausgangsmaterial für solche Schmelzen angesehen werden kann. Diese kupferhaltigen silikatischen Schmelzen fangen heute in der feuchten Atmosphäre der Museen an zu zerfallen, weswegen von „Krebsgeschwüren an altägyptischen Malereien" gesprochen wird.

Auch in der aufkommenden Maltechnik auf Holz und Pergament und später Leinwand war dieses Blau gebräuchlich. Der Indigo fand hier selten Verwendung, da die Bindemittel seinen in der Substanz ohnehin dunklen Farbton noch weiter abstumpften. Immerhin haben wir als ein schönes Zeugnis das Fresko des Giotto in der Capella degli Scrovegni in Padua.

In der europäischen Malerei des Mittelalters war man für klare, tiefe Blautöne auf gemahlenen Lapislazuli angewiesen.

Die Bezeichnung Ultramarin geht auf das lateinische „ultra mare" zurück und weist auf die langen Handelswege, die über das Meer führten, hin. Deswegen war das Blau für den Maler sehr teuer, es wurde praktisch mit Gold aufgewogen. Der Auftraggeber eines Bildes hatte dem Künstler das „Blau" beizustellen. So ist es

Giotto:
Fresko in der Capella degli Scrovegni, Padua (Italien)

verständlich, daß auf Marienbildern der Hochgotik die blauen Gewänder meist der Madonna vorbehalten waren.

Diese Exklusivität mag auch die Begehrlichkeit der Bevölkerung nach blauem Tuch angefacht haben. Den Waidbauern jedenfalls ging es damals nicht schlecht. Der indische Konkurrenzfarbstoff war in Mitteleuropa kaum bekannt und deshalb nicht zu fürchten. Er war extrem teuer, denn die Handelsrouten nach Indien wurden von arabischen und persischen Händlern beherrscht, die ihr Monopol weidlich zu nutzen verstanden.

Mit der Entdeckung des Seeweges nach Indien durch Vasco da Gama im Jahre 1498 kam eine drastische Wende. Die Portugiesen brachten allmählich größere Mengen an indischem Indigo auf den europäischen Markt. Dieser färbte bril-

lantere Nuancen und wurde ein begehrtes Handelsprodukt. Die Waidbauern-Lobby ging massiv gegen diese Importe an. 1577 erließ die Stadt Frankfurt das erste Indigo-Verbot. Dann schützte die englische Königin Elisabeth I. ihre Waidbauern durch die gleiche Maßnahme. Auf Veranlassung des deutschen Kaisers wurde 1649 der Indigo zu den „fressenden" oder „Teufels-Farben" gezählt, deren Handel bei Strafe an Gut und Ehre im Reiche verboten war. 1699 schränkte Colbert das Verbot ein, indem er einen Zusatz des Waid-Farbstoffes verordnete. Papst Pius V. hatte schon 1570 die Verwendung von Blau als Kirchenfarbe verboten, der Kirchenstaat untersagte noch Anfang des 18. Jahrhunderts die Einfuhr des indischen Produktes.

Vielleicht hätten die Waidbauern obsiegt, wenn es damals schon die Europäische Gemeinschaft und ihre Agrarordnung gegeben hätte. Schließlich aber gewann der Indigo aus Indien im Laufe der Zeit mehr und mehr Terrain.

Erwähnenswert ist in diesem Zusammenhang, daß die Portugiesen, die den lukrativen Handel geschickt betrieben, mit dem Indigo den Namen „Anil" einführten. Anil wurde das portugiesische Wort für Blau. Es geht offensichtlich auf das altindische Wort „nilah" zurück, was soviel wie dunkelfarbig, schwarzblau, bedeutet und zugleich der Name für Indigo war. Die Araber übernahmen es, versahen es mit dem Artikel al-, und schließlich wurde über „alnil" durch die Assimilation der Konsonanten daraus „anil". Es zeichnet damit in der Kombination seiner Wortwurzeln den Handelsweg von Indien über Arabien und Portugal zu uns nach.

Stephan Lochner (um 1410–1451): Die Muttergottes in der Rosenlaube. In der europäischen Malerei des Mittelalters war man für klare, tiefe Blautöne auf den puren Lapislazuli angewiesen. Daher beschränkte sich der Maler bei der Verwendung des Blaus darauf, das Heilige darzustellen. Blau wurde so die Symbolfarbe der Madonna.

Wir sehen aber auch an diesem Beispiel, daß in vielen Sprachen, so auch dem Portugiesischen, das Wort für die Beschreibung des reinen, tiefen Blau-Farbtones von alters her gefehlt hat.

Der Handel mit dem indischen Blaufarbstoff Anil, der sich immer mehr von Portugal und später von Holland her entwickelte, kam stark oder fast ganz zum Erliegen, als der Seekrieg zwischen Frankreich und England und die durch Napoleon 1806 verfügte Kontinentalsperre ein kaum überbrückbares Hindernis darstellte.

Diese Sperre führte zu einer Verknappung des indischen Produktes und zu einer Wiederbelebung der Waidkultur in den europäischen Ländern, die auch von Napoleon gefördert wurde; denn es ging ihm um den Farbstoff für die Uniformen seiner Soldaten.

Als er 1810 seine Truppen in die Iberische Halbinsel einrücken ließ, kam es zwischen ihnen und den Spaniern zu einem mörderischen Krieg. Der nicht erreichbare Erfolg und die Lust auf ein neues militärisches Abenteuer, nämlich zur Invasion Rußlands, führten schließlich zum Rückzug der Franzosen aus Spanien. General Junot, ein bekannter Plünderer in den besetzten Gebieten, führte eine große Zahl von Pferdegespannen mit seiner Beute zurück. Auf den Fahrzeugen befanden sich auch 53 Kisten, die den indischen Farbstoff enthielten. Das zeigt, wie kostbar Anil in der Zeit des Mangels geworden war.

Nach einem Blick auf die Blaufärberei in Asien, im Vorderen Orient und in Europa müssen wir uns auch fragen, wie die Kulturvölker Amerikas dieses Problem gelöst haben. Die Antwort ist klar: Sowohl die Inka als auch die Maya nutzten pflanzliches Material, um blau zu färben.

Die Inka, die großen Meister textiler Techniken, färbten blau mit Indigo. Die Grabfunde von Nazca und anderen Gräberfeldern der peruanischen Wüste am Pazifik haben Beweise in Hülle und Fülle geliefert. Die Garnfärberei stand dabei im Vordergrund. Dies belegen mehrere Baumwollknäuel, die vor vielen hundert Jahren einer Inka-Dame ins Grab mitgegeben wurden. Es wird sogar von der blaugefärbten Perücke einer Mumie berichtet.

Im Grab einer Inka-Dame fand sich ein Handarbeitskorb mit mehreren Baumwollknäueln und dazu eine Spindel, wie man sie zur Verarbeitung eingesetzt hat. Die meisten Naturfarbstoffe sind in der langen Zeit im Grab ausgebleicht, aber der stabile Indigo hat seinen Farbton behalten.

Wir rätseln immer noch, welche Pflanze den Farbstoff geliefert hat, den jene Meister der Inka-Kultur verwendet haben. Es gibt in der Neuen Welt zahlreiche Arten der Gattung Indigofera. *Indigofera suffruticosa* könnte nach Meinung vieler Ethnobotaniker das Rohmaterial der Indios gewesen sein, aber man könnte auch spekulieren über *Sopora tinctoria*, da es davon über 50 indoxylführende Arten in Amerika gibt.

Nach Herrera wurden in Alt-Peru auch die Blüten von Mull aca verwendet: „Mit diesen kleinen Blüten, die, wenn sie voll aufgeblüht sind, schwarz werden, wird blau gefärbt" (Cobo). Die Pflanze ist identifiziert: *Mühlenbeckia*, eine Polygonacea.

Es sei erinnert, daß die Frauen in Nordindien und Tadschikistan sich mit einer Farbe aus pflanzlichem Material die Brauen und Lider blauschwarz färben. Wahrscheinlich auch eine Polygonacea. Ich selbst habe Bauernmädchen die getrocknete Pflanze auf dem Markt von Samarkand anbieten sehen.

In Mexiko wurde Indigo aus der Pflanze Ginhquilipitzahuca gewonnen oder (nach Cobo) Xiquilitli (eine Leguminose).

Die Indios im Amazonasbecken nutzen die Früchte eines riesigen Baumes, Genipap, botanisch *Genipa americana*, die nach geduldigem Kauen dank der fermentativen Wirkung des Speichels Indigo hervortreten lassen. Der blaue Farbstoff soll Karies verhindern, aber er hebt auch die Schönheit der Frauen. Bei verschiedenen Stämmen im Mato Grosso wird er als Kriegerfarbe aufgetragen. Wer erinnert sich jetzt nicht an Caesars kriegerische Gegner im fernen Britannien?

Ein Indianermädchen-„Make-up". In Südamerika kennen einige Indianerstämme das Kauen von indoxylhaltigem Pflanzenmaterial. Dabei entsteht durch fermentative Spaltung ein kräftiges Blau: Indigo.

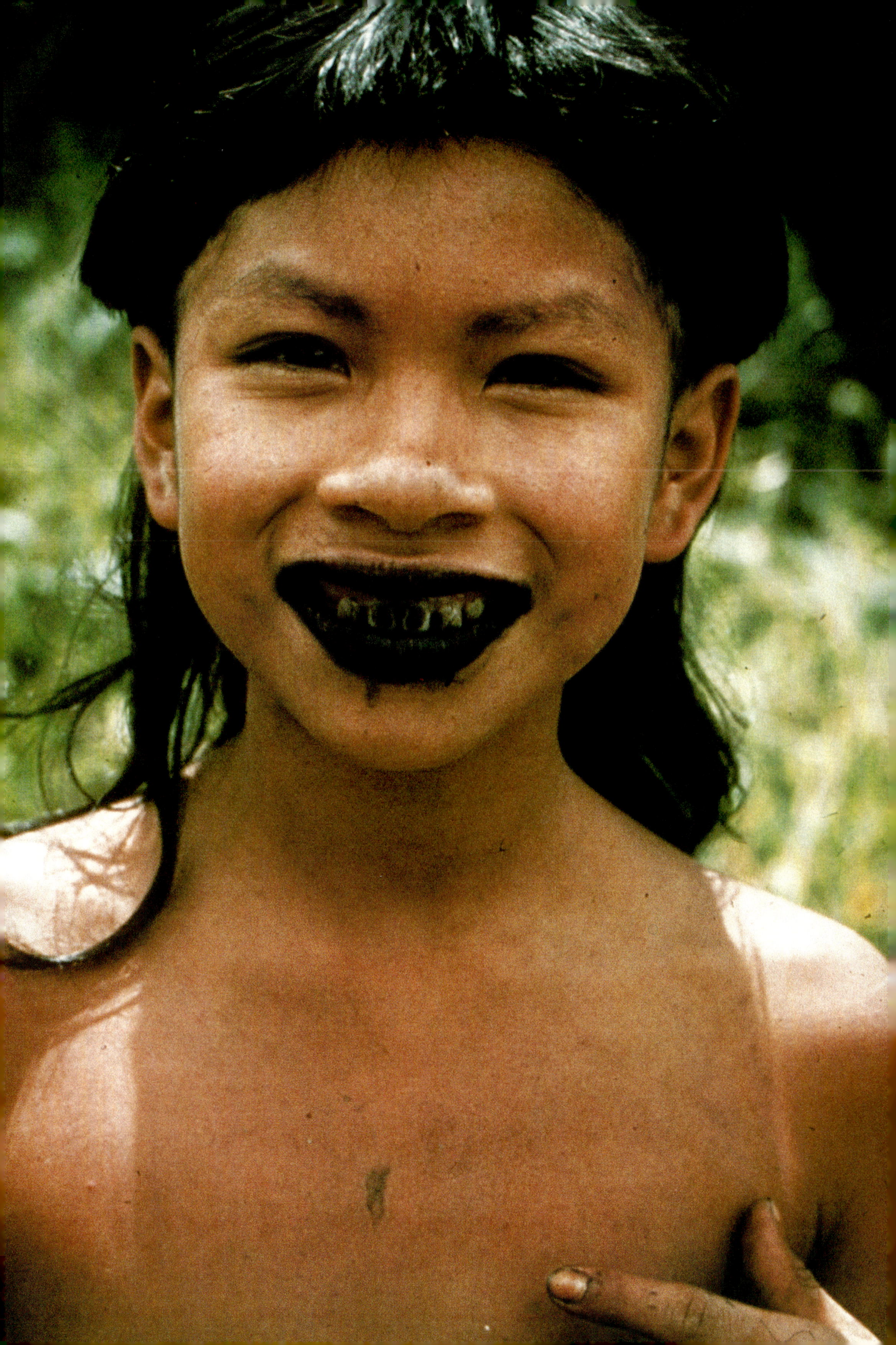

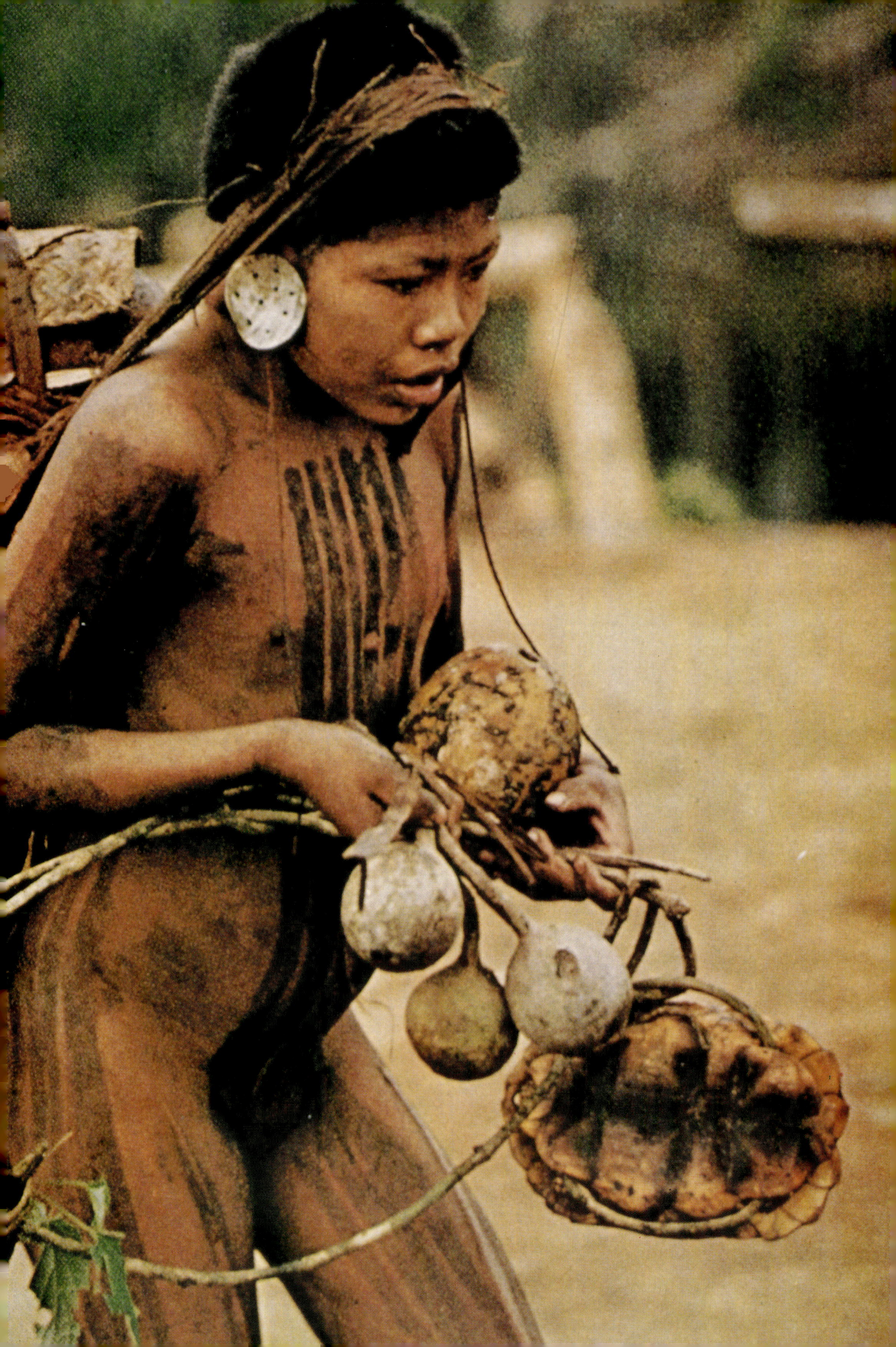

Bei einem Berichterstatter kann man lesen, sie würden auch ihre Kleidung färben. Was immer das ist. Und dann färben sie auch noch ihre Hängematten, diese Urerfindung der luftigen Schlafstätte der Indios.

Heute noch wird am Amazonas auf zellulosischem Gerüstmaterial geeigneter Baumrinden ein schönes Blau erzielt, und diese Rindenbilder werden auf den Märkten von Kolumbien und Venezuela verkauft. In solchen Bildern, die ich von dort mitbrachte, ließ sich das Blau analytisch einwandfrei als Indigo nachweisen.

Auch die Indianer im Amazonas-Becken nutzen den Indigo aus Pflanzensaft, um den Körper zu bemalen, so wie es laut Caesar auch die Britannier getan haben. Auch hier liegt wohl der Versuch vor, dem Krieger durch die dunkle Körperfarbe ein schreckliches Aussehen zu geben.

Mit Indigo bemalen die Indios auch Bastvliese aus Baumrinde.

Was die Verwendung des Indigos in der Malerei betrifft, so haben die Maya alle übertroffen, auch die Maler der Alten Welt. Sie nutzten ihn lange vor der Entdeckung Amerikas. Das sogenannte „Maya-Blau", mit dem dieses Kulturvolk seine ausdrucksvollen Keramiken verzierte, gab wegen des Farbtones – leuchtendes Hellblau – und seiner Eigenschaften Rätsel auf. Der Farbauf-

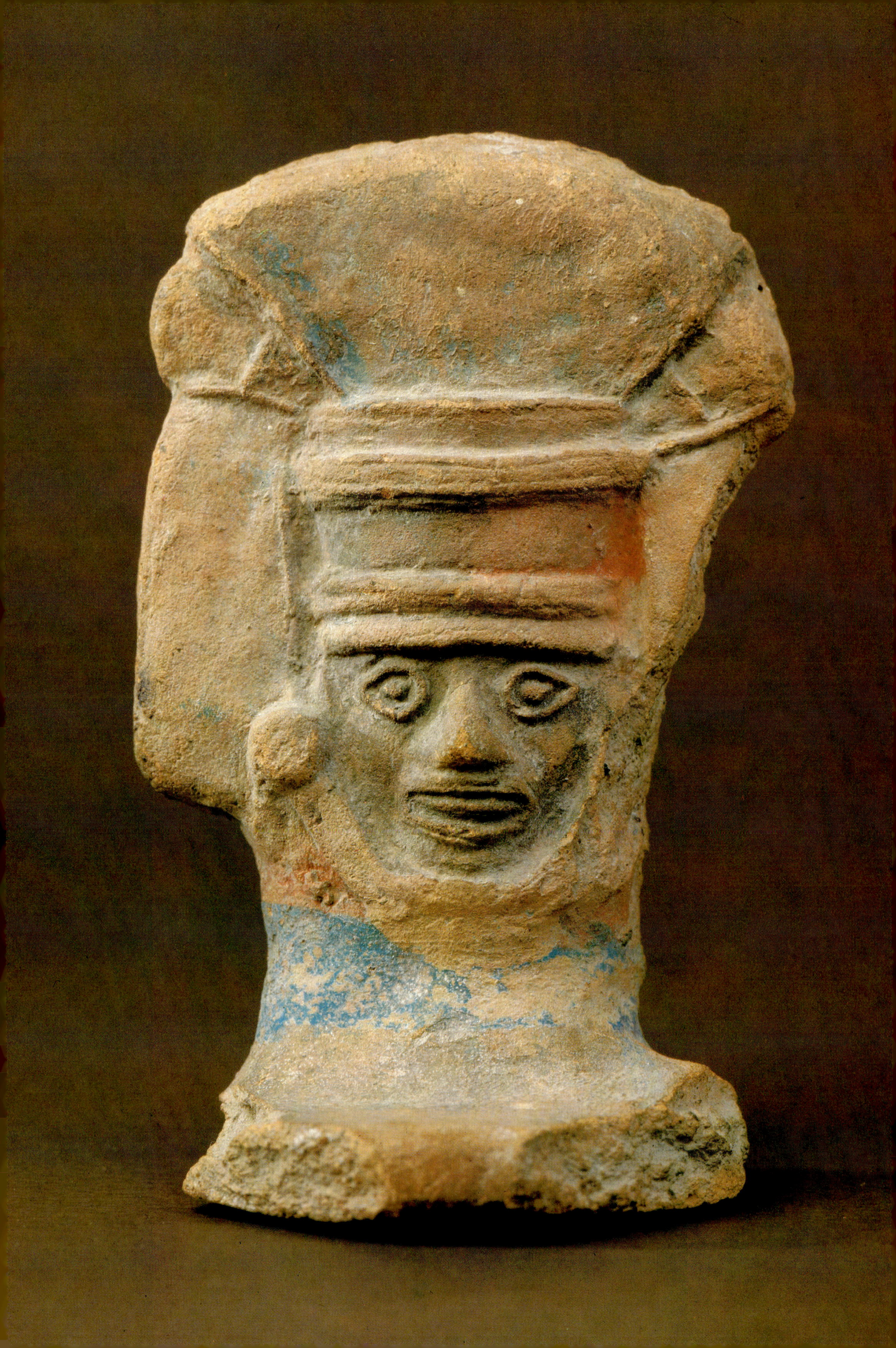

trag zeigte weder die typischen Reaktionen eines anorganischen Pigmentes noch die des Indigos, den man wegen der hohen Echtheiten sogleich in Betracht zog.

Schließlich stellte sich heraus, daß die Maya eine weiße Tonerde, den Attapulgit, ein Magnesiumsilikat, mit Indigo zu einem hellblauen Farbpulver färbten. Der Indigo wird dabei so fein verteilt und so fest adsorbiert, daß er nicht nur seinen Farbton verändert, zu hellblau hin, sondern auch seine Reaktionen, mit denen er sich gewöhnlich nachweisen läßt, nur unter ausgetüftelten Bedingungen zeigt.

Bei dem abgebildeten Idol aus präkolumbischer Zeit, das ich aus dem mexikanischen Hochland mitbrachte, hatte ich die Vermutung, daß die blaue Bemalung auf Indigo basiert. Im Labor gab die Keramik zumindest ihr koloristisches Geheimnis preis. Ein nach Maya-Rezeptur mit Indigo gefärbter Attapulgit zeigte einen ganz ähnlichen Farbton, und das spurenanalytische Verhalten stimmte überein.

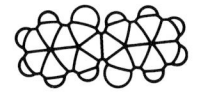

Die Maya schmückten ihre ausdrucksstarke Keramik nicht selten mit blauer Bemalung, die sie durch Färben eines weißen, pulvrigen Materials – Attapulgit – mit Indigo gewannen. Diese aus dem Hochland von Mexiko stammende Figur hatte einen blauen Halsring, dessen Reste man noch erkennen kann.

Zugedeckt laß ih alſo 5 ſtund uwnn, Dernach auch
wol ze der 3 ſtund gerüret unnd gehertzt werch

Exempel der waidt

Item ich petter oſt hab angeſetzt ein Klain
keſslein, darein hab ich gnon ½ ℔, iſt geſtehen
zwiſchen 4 und 5, da iſt das keſslein mer dann
halb vol zu goſſen worden, darnach alſo ungi-
rüret geſtanden, biß an morgen, zwiſchen 6
und 7 hab ich in ab dem waid goſſen, und zu
weder warm gemacht, er iſt aber vor ſchon hitzig
worden, unnd ſidtig haiß und derumb an die
waid gegoſſen, unnd alten zuſaltz, darnach
hab ich ein gethan aſchen und ein heffen, welches
ouff ein loffel vol dann, darnach gerüret
er wederumb zu gedeckt, unnd iſt alſo geſtand
biß zwiſchen 8 und 9, iſt gerüret worden unnd
geſpeyſſet, unnd wederumb zugedeckt worden,
unnd iſt alſo geſtanden biß zwiſchen 11 und 12
da iſt er wederumb gerüret und geſpeiſt worden, unnd iſt dernach geſtanden biß zwiſchen 3
und 4, iſt vehn goſſen worden und alſo pliben

DIE BLAUFÄRBEREI

Von Anil führt uns die Wortbrücke in die Anfänge der Chemie als Wissenschaft. Sie nahm diesen rätselhaften und wirtschaftlich bedeutenden Stoff bald ins Visier, um hinter sein Geheimnis zu kommen.

Bis dahin, also bis ins 19. Jahrhundert, war die Blaufärberei nach komplizierten Rezepten und streng traditionsgebundenen Verfahrensvorschriften betrieben worden. Diese sicherten den Blaufärbern sowohl Bestand als auch Weitergabe

Waidfärberezept eines alemannischen Färbermeisters aus dem 16. Jahrhundert. Die Arbeitsvorschriften legten den Arbeitsablauf bis ins Detail fest und waren streng gehütetes Geheimnis der Zünfte.

Der Holzschnitt von Jost Amman aus dem 16. Jahrhundert zeigt, wie ein Färber das Gewebe durch die Küpe zieht. Ein anderer hängt das Tuch an die Luft, wo dann der blaue Farbton entsteht.

eines gehüteten Wissens. In das Dunkel der komplizierten Zusammenhänge der stofflichen Veränderungen brachten sie dagegen kein Licht.

Andererseits hinterließen sie Spuren in unserer Sprache. So legten die Färbevorschriften den Arbeitsrhythmus der Färbergesellen fest. Dem zwölfstündigen arbeitsintensiven Ansetzen der Küpe und dem Behandeln des textilen Färbegutes in der Küpe folgte ein ebenso langes Aushängen, wobei unter der Einwirkung der Luft die blaue Indigofarbe entstand, durch Oxidation, wie wir heute wissen.

Am arbeitsfreien Sonntag blieb das Färbegut länger als sonst, nämlich über einen ganzen Tag, in der Küpe. Am darauffolgenden Montag wurde dann „Blau gemacht", und die Gesellen überließen der Luft einen wesentlichen Teil der Arbeit. Der ruhige Wochenbeginn der Färber hat so die Bezeichnung des „blauen Montags" eingeführt.

Vermutlich war es nicht Anhänglichkeit an diesen Arbeitsrhythmus, die das Interesse an einer rationalen und wissenschaftlichen Aufklärung der Färbevorgänge so gering hielt. Denn wir müssen das Know-how als das wichtigste Kapital der frühen Handwerksbetriebe ansehen.

An einer rationellen Färbemethode, die jedem zugänglich gewesen wäre, hatten diese kein Interesse. Dagegen war man sehr darauf aus, die unterschiedliche Qualität des Farbstoffs und die damit einhergehenden ungleichmäßigen Färbungen sowie die Reinheit des Farbtones in den Griff zu bekommen.

INDIGO IN DER WISSENSCHAFT

Zu der Zeit, als sich die wissenschaftliche Chemie einschaltete, bestand die einfachste Methode, eine Substanz zu reinigen, darin, sie durch Erhitzen zu verdampfen, um sie dann zu kondensieren. Bei Feststoffen nennt man das Sublimation.

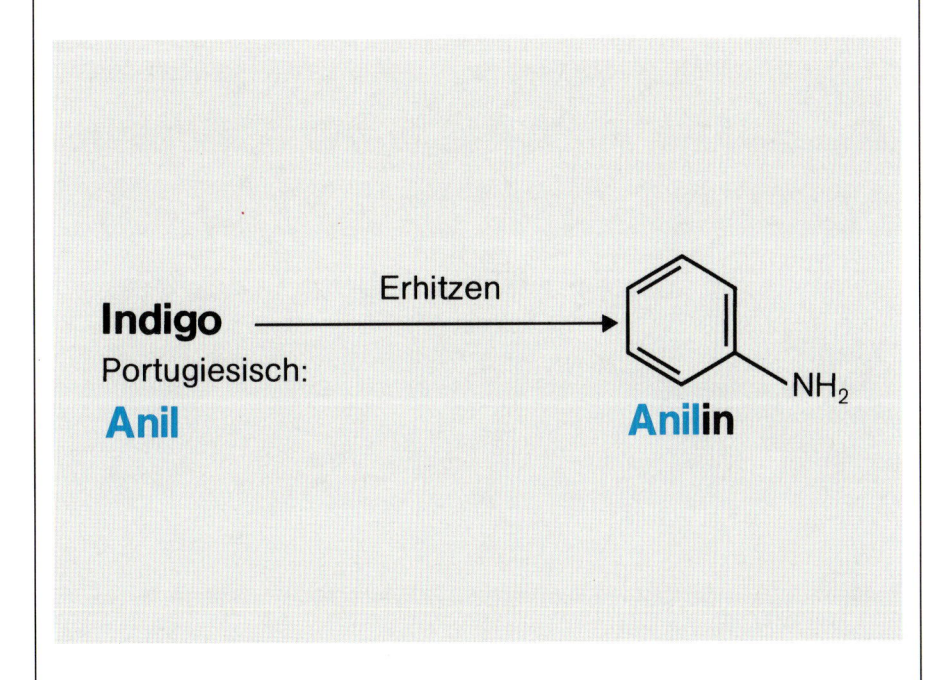

Indigo
Portugiesisch:
Anil

→ Erhitzen →

Anilin (NH_2)

Der Apotheker Unverdorben unterwarf im Jahre 1826 den Indigo dieser einfachen, aber brutalen Prozedur; und dieser antwortete mit Zersetzung zu einer Verbindung, die der Apotheker, an die portugiesische Bezeichnung anknüpfend, Anilin nannte.

Damit war der Weg in die richtige strukturchemische Richtung gewiesen. Zugleich war mit dem Namen auch ein Etikett geprägt für einen späteren Industriezweig, ein Etikett, das sich mit dem Namen und dem Anfangsbuchstaben des

Anilins in vielen Firmennamen wiederfindet, zum Beispiel Agfa (Aktiengesellschaft für Anilinfarben), BASF (Badische Anilin- & Soda-Fabrik), GAF (General Aniline and Film Corporation).

Agfa = Aktiengesellschaft für Anilinfarben
(Joint-stock Company for Aniline Colors)

BASF = Badische Anilin- & Soda-Fabrik
(Baden aniline and soda factory)

GAF = General Aniline and Film Corporation

1841 wurde aus dem Indigo durch chemischen Abbau eine Substanz gewonnen, die in Nachbarstellung zum Stickstoff des Anilins eine Carbonsäure-Gruppe enthielt. Man nannte sie, ebenfalls den Ursprung andeutend, Anthranilsäure. Durch subtilere Abbaumethoden gelangte Adolf von Baeyer zu dem chemischen Grundgerüst des Indigos, das er Indol nannte.

Indigo
Portugiesisch:
Anil

Chem. Abbau →

Anthranil**säure** (COOH, NH₂ on benzene ring)

Indigofera tinctoria

Indigo → Indol

Isatis tinctoria
(Färberwaid) → Isatin

Und als man die Identität zwischen den färberischen Prinzipien des Indigos und des Waidfarbstoffes, die jahrtausendelang unerkannt geblieben war, chemisch eindeutig bewiesen hatte, griff man auch auf den griechischen Namen des Waids – ισάτις – zurück und nannte einen weiteren wichtigen Abkömmling des Indigos Isatin. Alle diese Namen für wichtige Substanzen aus der organischen Chemie erinnern an die Bedeutung des Indigos als eine Schlüsselsubstanz in den frühen Jahren der Wissenschaft.

Die Pirsch auf die Strukturformel, die sich so hartnäckig allen Annäherungsversuchen widersetzt hatte, ist ein faszinierendes Kapitel Wissenschaftsgeschichte.

Die Formel, die für Chemiker von heute so anfängerhaft einfach aussieht, bedurfte damals des großen Meisters. Adolf von Baeyer fühlte sich herausgefordert. 1865 begann er seine Arbeit, oder man sollte besser sagen: seinen Kampf. Seine Arbeitsweise wurde zum Vorbild für die organische Chemie. Die Analyse dieses Naturstoffes begleitete er systematisch mit Untersuchungen analoger chemischer Verbindungsklassen. Das erlaubte nicht nur die Festlegung der weiterführenden Versuchsplanung, sondern brachte zugleich breiten Zugewinn an neuem Wissen. Die Zwischenergebnisse der Strukturaufklärung wurden jeweils durch unabhängige Synthesen abgesichert und untermauert. Die dabei gewonnenen Erkenntnisse konnten in die weiteren Untersuchungen eingebracht werden.

Adolf von Baeyer (1835–1917) klärte in langjähriger Arbeit die Formel des Indigos auf und zeigte als erster, daß Indigo auch synthetisch herzustellen ist. Er erhielt 1905 den Nobelpreis für seine Arbeiten über organische Farbstoffe und seine Verdienste um die Entwicklung der organischen Chemie und der chemischen Industrie.

Heinrich Caro (1834–1910) war in den Jahren 1868 bis 1889 Leiter der Forschung der Badischen Anilin- & Soda-Fabrik Nachdem er eine technisch brauchbare Synthese für Alizarin gefunden hatte, ließ ihn die Suche nach einem Syntheseweg zum Indigo nicht mehr los. Seiner Zähigkeit ist zu verdanken, daß die BASF an diesem Vorhaben nicht verzweifelte.

Für die Entwicklung der damals noch jungen Wissenschaft der Chemie war die Bearbeitung des hartnäckigen Indigo- Problems durch eine große Forscherpersönlichkeit eine jener glücklichen Fügungen, die dem Fortschritt die Richtung weisen.

Aber nicht nur für die Wissenschaft! Durch die enge und freundschaftliche Beziehung zwischen Adolf von Baeyer und Heinrich Caro, der in der Badischen Anilin- & Soda- Fabrik führend tätig war, entwickelte sich eine intensive Wechselwirkung zwischen der Grundlagenforschung an den Hochschulen und der anwendungsorientierten Forschung in der aufstrebenden Farbenindustrie.

Denn dort vollzog sich im 19. Jahrhundert eine atemberaubende Entwicklung, ein revolutionärer Wandel in der Nutzung von Rohstoffen. Die Steinkohle hatte Einzug in die Volkswirtschaft gehalten. Sie verdrängte nicht nur die Holzkohle aus der Metallurgie und der Energieerzeugung. Aus ihr ließ sich durch Verkokung auch Leuchtgas gewinnen. Dessen Verbrennung lieferte auf bequeme Weise Licht und Wärme. Aber schon damals war mit der raschen Verbreitung dieser willkommenen Technologie ein Umweltproblem erster Ordnung entstanden, nämlich der Zwangsanfall von Teer. Nur mühsam wurde man ihn los, indem damit Eisenbahnschwellen imprägniert und Straßen belegt wurden.

DIE ÄRA DER TEERFARBSTOFFE

Da beteiligt sich ein 18jähriger englischer Chemiestudent – William Perkin – an der verbissenen Suche nach einer Chinin-Synthese. Sie sollte der britischen Kolonialarmee von der Heimatfront aus Entlastung bringen, da die Verluste durch Tropenfieber diejenigen durch Feindeshand weit überstiegen. Durch Behandlung mit Reduktionsmitteln hatte man aus Chinin Anilin erhalten. Mit einer heute geradezu rührend anmutenden Naivität wollte Perkin den umgekehrten Weg gehen. Er behandelte Anilin mit Oxidationsmitteln. Natürlich erhielt er das komplizierte Chinin-Molekül nicht, aber er machte eine andere interessante Entdeckung: Aus dem Reaktionsgemisch ließ sich ein leuchtend violetter Farbstoff isolieren. Da das Ausgangsprodukt Anilin aus dem Teerabfall stammte, witterte er in seinem Befund eine wirtschaftliche Chance. Sogleich hängte er sein akademisches Studium an den Nagel und gründete eine Fabrik zur Herstellung des ersten synthetischen Farbstoffes, den er unter dem Namen Mauvein auf den Markt brachte. Als danach durch systematischeres Abklopfen der Reaktionsmöglichkeiten von Teerprodukten weitere „Anilin-Farben" wie das Fuchsin, das Methylviolett u.a. aufgefunden wurden, schossen in der europäischen Gründerzeit die Farbenfabriken wie Pilze aus dem Boden.

Zwei Schülern von Adolf von Baeyer, Carl Graebe und Carl Liebermann, gelang ein anderer Coup. Durch richtige Analyse und klugen Einsatz ihrer Erkenntnis bei der Synthese hatten sie mit der Herstellung von Alizarin, dem roten Farbstoff aus der Krappwurzel, Erfolg.

Carl Graebe (1841–1927), Foto links, und Carl Liebermann (1842–1914), Foto rechts, zwei Schüler Adolf von Baeyers, konnten die Struktur von Alizarin, dem Farbstoff der Krapp-Wurzel, aufklären und fanden eine erste Synthese dafür. Diese erste industrielle Herstellung eines Naturstoffes hat sich befruchtend und stimulierend auf die organische Chemie ausgewirkt, aber auch den elsässischen Krapp-Bauern die wirtschaftliche Exitenz entzogen.

Alizarin

Bald war dessen technische Herstellung möglich, und zum ersten Mal ersetzte ein synthetisches Produkt einen identischen Naturstoff. Das hatte damals bittere Konsequenzen für die Anbaugebiete zur Folge, zum Beispiel für die elsässischen Krapp-Bauern. Obwohl Louis Philippe 1830 für sein Heer rote Uniformhosen und Kopfbedeckungen eingeführt hatte, um den Krapp-Bauern zu helfen, wurde doch allmählich die Anbaufläche für Nahrungsmittel freigemacht. Dasselbe galt später insbesondere für den Indigo- Anbau in Indien.

Daß Krapp und Waid über viele Jahrhunderte den Bedarf an halbwegs echten Farbstoffen deckten, hat seine Spuren bis heute in der Heraldik hinterlassen. So herrschen Blau und Rot nicht nur in den alten Uniformen vor, sondern sind auch die bevorzugten Farben für Fahnen und Standarten. Aber während sich bei den Uniformen mit der Änderung der Kriegsführung die Tarnfarben durchsetzten und die blauen Waffenröcke und roten Hosen verschwanden, blieb bei den Flaggen der Signal- und Symbolcharakter unverändert. So sind Blau und Rot neben dem natürlichen Weiß heute noch in zahlreichen Flaggen enthalten.

Auch wenn wir hier im wesentlichen das Schicksal des Indigos verfolgen, ist es nicht unwichtig zu erfahren, was den Farbstoff-Synthetikern weiter gelang: 1862 stößt Peter Griess mit der Entdeckung der Diazo-Verbindungen ein ganzes Scheunentor in das Gebiet der Teerfarbstoffe auf. In kurzer Zeit sind damals Tausende neuer Farbstoffe synthetisiert worden. Die meisten davon wiesen zwar

Krapp und Waid deckten über viele Jahrhunderte den Bedarf an lichtechten, strapazierfähigen Geweben. Das Erscheinungsbild der Uniformen war durch die beiden Farbstoffe geprägt.

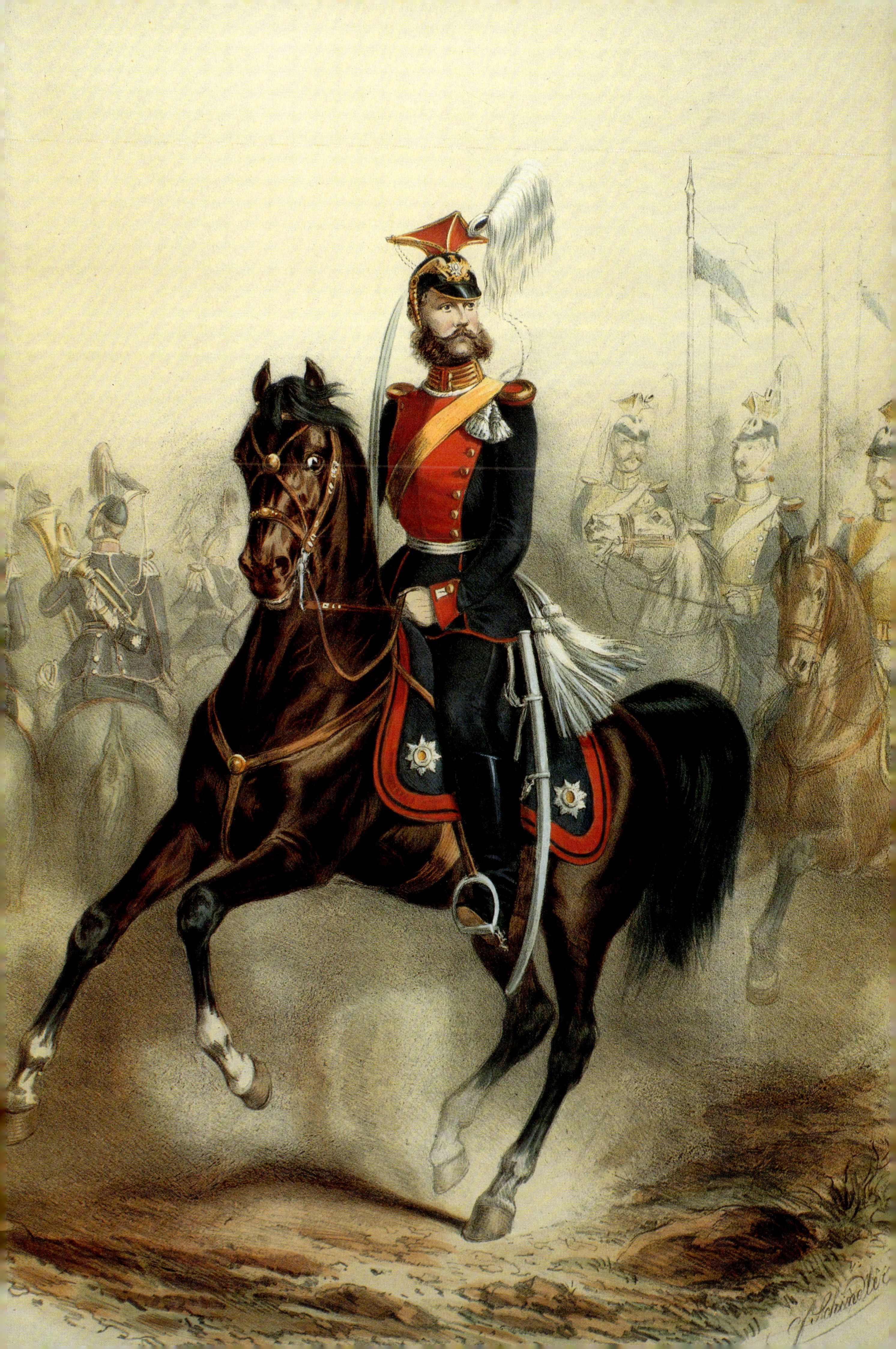

anwendungstechnische Mängel auf, aber eine stattliche Anzahl genügte den koloristischen Ansprüchen. Und abermals begegnet uns das Phänomen, das wir bereits aus der Natur kennen: Die Farbpalette ist reichhaltig in den Tönen Gelb und Rot, aber wiederum gibt es eine Blau-Lücke. Trotz größter Bemühungen gelang es damals nicht, einen Blaufarbstoff zu synthetisieren, der dem Indigo Paroli bieten konnte. Also konzentrierten sich selbst in dieser auf Neuland orientierten Zeit die Bemühungen auf die synthetische Herstellung des Königs der Farbstoffe.

Insbesondere Heinrich Caro und später Heinrich von Brunck bei der Badischen Anilin- & Soda-Fabrik setzten sich dieses Ziel.

Nicht nur für Uniformen, sondern auch für Fahnen und Standarten wurden lichtechte Farben bevorzugt. Die Häufigkeit von Blau und Rot geht darauf zurück.

STRUKTURAUFKLÄRUNG UND SYNTHESE

Fünfzehn Jahre nach seinem Einstieg in dieses Forschungsthema glaubte Adolf von Baeyer erstmals eine Möglichkeit zur künstlichen Herstellung von Indigo zu sehen, die „die Frucht einer langen Reihe systematischer und innig miteinander verbundenen Experimentaluntersuchungen" war. Am 19. März 1880 wurde die Herstellung des Indigos, ausgehend von Phenylessigsäure, patentiert.

Allerdings erwies sich die damals beschriebene und patentierte Methode technisch als unwirtschaftlich. Denn durch rationellen Anbau in Großplantagen konnte der indische Indigo zu einem Preis auf den Markt gebracht werden, der

Ein alter Kupferstich zeigt, wie man auf den Indigoplantagen durch Rationalisierung der steigenden Nachfrage Rechnung trug.

KAISERLICHES PATENTAMT.

PATENTSCHRIFT
№ 11857.

ADOLF BAEYER
in MÜNCHEN.

DARSTELLUNG VON DERIVATEN DER ORTHONITROZIMMTSÄURE, DEN HOMOLOGEN UND SUBSTITUTIONSPRODUKTEN DIESER DERIVATE UND UMWANDLUNG DERSELBEN IN INDIGBLAU UND VERWANDTE FARBSTOFFE.

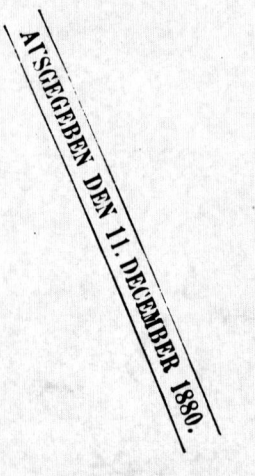

AUSGEGEBEN DEN 11. DECEMBER 1880.

Klasse 22
FARBSTOFFE, FIRNISSE, LACKE.

BERLIN
GEDRUCKT IN DER REICHSDRUCKEREI.

den Synthetikern enge wirtschaftliche Grenzen setzte.

An dieser Stelle sei vermerkt, daß die portugiesischen Kapitäne und Kaufleute ihre von Heinrich dem Seefahrer jenseits des Kaps der Guten Hoffnung errichteten Stützpunkte inzwischen zum größten Teil an die Engländer und Holländer verloren hatten, die nun die Handelsverbindungen nach Europa beherrschten. Ein im Indigohandel tätiges Amsterdamer Handelshaus wurde in Rußland durch einen tüchtigen Kaufmann vertreten, der sich, als seine guten Geschäfte die finanzielle Grundlage gesichert hatten, zunächst selbständig machte, um schließlich ganz in seiner Leidenschaft, der Archäologie, aufzugehen: Heinrich Schliemann. So stehen die Ausgrabungen in Troja und Mykene in einem weitläufigen, aber nachweisbaren Zusammenhang mit dem Indigo.

Doch nun zurück zu den gleichzeitigen Ereignissen in den Naturwissenschaften. Letzte Unsicherheiten über die Struktur konnte Adolf von Baeyer 1883 ausräumen. In der ihm eigenen menschlich bescheidenen Art teilt er Caro in lapidaren Worten die Formel mit. Dann folgt das Formelbild. Am Schluß seines Briefes fällt ihm ein, daß es außer dem Indigo auch noch andere Werte gibt. Er fragt: „Wie geht es denn Ihrer Frau Gemahlin?"

In der Beziehung zwischen exakter Naturwissenschaft und der kulturellen Selbstdarstellung des Menschen ist es interessant zu vermerken, daß zu der Zeit, als Adolf von Baeyer die Komposition der Atome in seiner Indigo-Formel festlegte,

Das erste Patent zur Herstellung von Indigo zeigte einen grundsätzlichen Weg zur Synthese auf, der sich aber in der Technik nicht durchsetzen konnte.

[handwritten letter excerpt:]

treffen. Die Faßfüllung findet
um 11 Uhr vor der Essig-Stadt,
sonst ist weiter nichts vorgeschrieben,
sonst ist weiter nichts nöthig.

Indigo ist:

$$C_6H_4 - CO - C = C - CO - C_6H_4$$
$$\diagdown NH \diagup \diagdown NH - C_6H_4$$

Wie geht es denn Ihrer Frau Gemahlin?
Ich habe zu meinem größten Be-
dauern gehört, daß sie leidend
geworden ist.

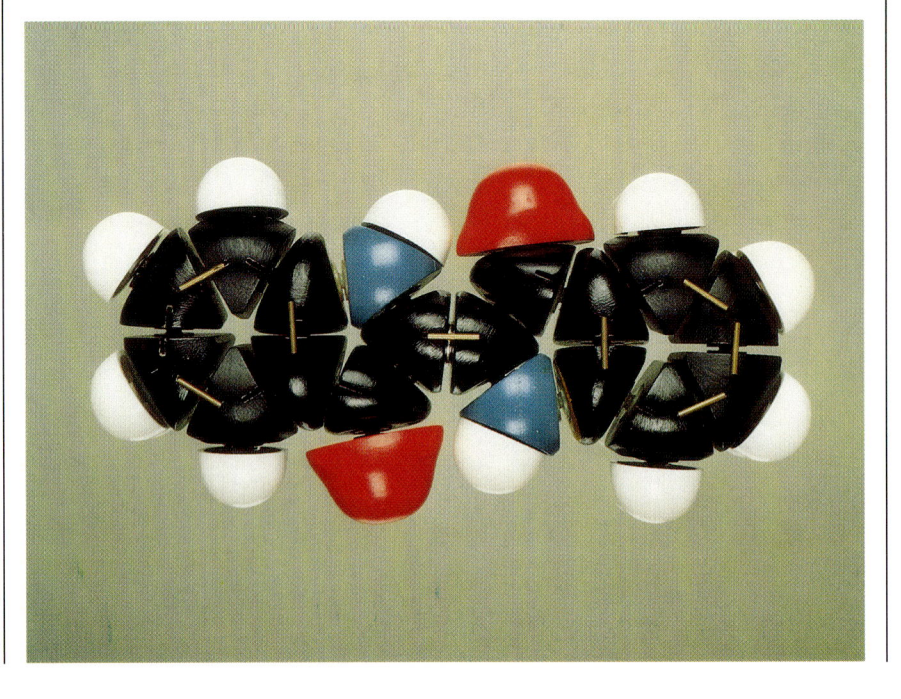

Ausschnitt eines Briefes Adolf von Baeyers an Heinrich Caro vom 3.8.1883. In ihm wird zum ersten Mal die richtige Formel für Indigo angegeben.

Kalottenmodell von Indigo in der sogenannten trans- Form. Diese konnte allerdings erst 1928 durch Röntgen-Strukturanalyse bewiesen werden.

Johann Strauß die Noten für eine Operette mit dem Namen „Indigo und die 40 Räuber" zusammenfügte (1871). Ob er wohl die Entwicklung geahnt hat, die ein paar Jahre später einsetzen sollte?

Für Adolf von Baeyer ist jetzt „der Platz eines jeden Atoms im Molekül dieses Farbstoffes auf experimentellem Wege festgestellt".

Die genaue Struktur des Indigos – nämlich die sogenannte trans-Form – wird allerdings erst 1928, also lange nach Adolf von Baeyers Tod, durch Röntgen-Strukturanalyse festgestellt. Aber damit hatte der Farbstoff seine Rolle in der Wissenschaft noch lange nicht ausgespielt.

Für die Theorie der Farbigkeit von Farbstoffmolekülen war und ist der Indigo immer noch eine Schlüsselsubstanz. Alle theoretischen Konzepte, die Struktur und Farbe in Beziehung setzen, müssen sich an dem kreuzkonjugierten Elektronensystem dieses Moleküls bewähren. Erst mit der Anwendung quantenchemischer Methoden ist in jüngerer Zeit eine befriedigende Lösung des Problems gelungen.

DIE TECHNISCHE SYNTHESE

Als Adolf von Baeyer 1905 den Nobel-Preis für Chemie erhielt, hieß es in der Laudatio mit Recht: „Für Verdienste um die Entwicklung der organischen Chemie und der chemischen Industrie." So unzulänglich seine erste Synthese auch war, er hatte entscheidende Impulse gegeben und grundsätzlich gezeigt, daß sich Indigo synthetisch herstellen läßt.

Indigo-Synthese

N-Phenylglycin — Alkalischmelze →

N-Phenylglycin-o-carbonsäure — Alkalischmelze →

Indoxyl — O_2 → Indigo

Man hatte Blau geleckt. Der anfänglich stürmische Eifer mußte dann allerdings mit den Jahren in eine zähe Hartnäckigkeit übergehen. Es gehörte in der Farbenindustrie großer unternehmerischer Mut dazu, die Suche nicht aufzugeben. Wie eine Erlösung wurde deshalb eine Entdeckung des aus Darmstadt gebürtigen Züricher Professors Karl Heumann aufgenommen. Er hatte aus dem Anilin-Abkömmling

Phenylglycin durch Schmelzen in Alkali Indigo erhalten. Das Entscheidende bei dieser Variante war: Alle Ausgangsstoffe, nämlich Anilin, Essigsäure, Chlor und Alkali, waren damals schon wohlfeil. Die Badische Anilin- & Soda-Fabrik hatte sie sogar alle im Hause und stürzte sich deshalb auf diesen Syntheseweg.

Heumann hatte sich von dem Dogma gelöst, man müsse den stickstoffhaltigen Fünfring in der Indolformel durch Verknüpfung von zwei Kohlenstoff-Atomen aus der Stellung neben dem Stickstoff aufbauen. Er hängte sie einfach an den Stickstoff und kondensierte sie dann zur Ringformel. Verwegen ging er noch weiter. Er besetzte diese Position später sogar durch eine Carboxylgruppe, ging also von der Anthranilsäure aus. Und siehe da, was der bisherigen Erfahrung zu widersprechen schien, funktionierte nicht nur, es lieferte sogar noch eine höhere Ausbeute.

Endlich war es dann soweit. 1897 brachte die Badische Anilin- & Soda-Fabrik den ersten künstlichen Indigo auf den Markt. 18 Millionen Goldmark hatte sie, die sich am weitesten vorgewagt hatte, in dieses Projekt gesteckt. Das war mehr als das damalige Grundkapital der Gesellschaft.

Kaum war die Vermarktung des synthetischen Indigos angelaufen, da gab es eine weitere technische Vereinfachung. Johannes Pfleger hatte bei der Degussa im Natriumamid ein äußerst wirksames Kondensationsmittel für den Ringschluß zum Indoxyl entdeckt. Schließlich war die Situation paradox: Was lange Jahre so heiß ersehnt,

A.v. Baeyer:

K. Heumann:

Indol-Struktur

Indoxyl-Synthese
nach Heumann/Pfleger

N-Phenyl-glycin

+ NaNH$_2$
(Natrium-amid)

Alkali-schmelze

Indoxyl

so zäh gesucht worden war, stand auf einmal in Variationen zur Auswahl: Wege zum synthetischen Indigo.

Der synthetische Indigo verdrängte alsbald das indische Naturprodukt. Nach 1897 exportierte Indien 8,6 Millionen kg Indigo, 1913 noch 0,5 Millionen kg!

Das Indigolaboratorium der Badischen Anilin- & Soda- Fabrik um 1900.

RIVALEN

Aber das Paradoxon geht noch weiter: Von der Indigofärberei hatte man das Prinzip der Küpenfärberei gelernt, das heißt, einen Farbstoff durch Reduktion in lösliche Form zu bringen, ihn so auf die Faser zu applizieren und ihn dann dort durch Oxidation zu fixieren. So wurde entdeckt, daß viele Anthrachinon-Farbstoffe, auf deren Spur man durch das Alizarin gekommen war, sich ebenso ausfärben lassen. Gerade in den Jahren, in denen die Indigo-Synthese technisch gelungen war, machte René Bohn in der Badischen Anilin- & Soda-Fabrik auf diesem Gebiet eine bedeutende Erfindung: Durch Verschmelzen von 2-Amino-anthrachinon in Alkali erhält er einen blauen Farbstoff, den er Indanthron tauft. Der Name ist eine Zusammenziehung aus René Bohns Absichten: Indigo aus Anthrachinon.

Eine falsche Nomenklatur als Folge einer falschen Theorie! In dieser Hinsicht geht es René Bohn nicht besser als Christoph Columbus, der den Seeweg nach Indien suchte und letztlich etwas Bedeutungsvolleres entdeckte. Aber seinen anfänglichen Irrtum verewigte er durch die Namensgebung der Bewohner als Indianer.

1901 stellt René Bohn fest: Das neue Blau läßt sich ausfärben wie Indigo. Die Koloristen prüfen und finden: Ähnlicher Farbton, gleiche Lichtechtheit, aber der Farbstoff sitzt auf der Faser wie eingebrannt.

**Indanthron-Synthese
(René Bohn, 1901)**

2-Amino-anthrachinon → (Alkalischmelze) → Indanthron / Indanthrenblau RS

Jetzt erst wird die geringe Waschechtheit und Reibechtheit des Indigos, die man bisher als naturgegeben hingenommen hatte, voll bewußt. Man erkennt plötzlich, wem man da so verzweifelt nachgelaufen war. Der König der Farbstoffe erweist sich unter den Maßstäben des neuen Blaufarbstoffes gerade noch als schäbiger Edelmann.

Noch im gleichen Jahr erwächst ihm übrigens eine weitere ernste Konkurrenz in dem Hydronblau aus der Reihe der billig herzustellenden Schwefelfarbstoffe.

Aber dennoch findet der Indigo zunächst seinen Markterfolg. Die Traditionsgebundenheit der Färber sichert ihm seinen Absatz. Zwar sind zunächst noch manche Vorurteile gegen das synthetische Produkt zu überwinden. Weil zum Beispiel die Färber den charakteristischen Geruch vermissen, an dem sie die Qualitätsware

René Bohn (1862–1922) fand bei dem Versuch, Indigo aus 2-Amino-anthrachinon herzustellen, das Indanthron, das als (XYR) Indanthrenblau RS schließlich schärfster Konkurrent des Indigos wurde.

seit Jahrtausenden identifizieren, müssen dem Industrieprodukt zunächst noch Stinkstoffe zugesetzt werden.

Verfahrenstechnische Fortschritte bei Herstellung und Anwendung machen den Indigo schließlich zum wohlfeilen, wenngleich weiterhin begehrten Artikel. Für die deutschen Hersteller unterbricht der Erste Weltkrieg den Handel mit Übersee. Als 1915 das erste deutsche Handels-U- Boot „Deutschland" die englische Seeblockade zu einer Fahrt in die USA durchbricht, gehören neben Medikamenten auch 60 Tonnen Indigo zu der sorgfältig ausgewählten Fracht.

Fast 50 Jahre nach dieser einmaligen Fahrt versicherten mir so gut wie alle amerikanischen Indigofärber, daß sie damals zu den bevorzugten Kunden gehörten, die Zuteilungen aus jener kostbaren Fracht erhielten. Die Menge hielt natürlich nicht lange vor, und so begann in dieser Zeit in den USA eine eigene Farbstoffindustrie ihre Tätigkeit.

Mit der Zeit muß der ehrwürdige König der Farbstoffe immer mehr mit den jungen Neuankömmlingen wetteifern. Dabei kommt ihm zunächst zustatten, daß die Nachfrage nach blauer Kleidung für die wachsende Arbeiterschaft in der Industrie rasch zunimmt. Ein kräftiger Exportstrom geht ins ferne China für die Kittel der „blauen Ameisen". Das königliche Blau des Altertums und Mittelalters wird zum Farbstoff der breiten Masse.

Anfangs gelang es zwar noch, den Indigo durch chemische Modifikation in den Gebrauchseigenschaften zu verbessern, aber die neuen Produkte ließen ihm auf Dauer nur eine Außenseiterrolle. Vor allem das Indanthron wurde als „Indanthrenblau RS" der Grundstock des Indanthren-Sortiments, das die Verbraucher an so hohe Qualitätsmaßstäbe gewöhnte, daß der Indigo seinen bevorzugten Platz räumen mußte.

Sein Entdecker, René Bohn, sah das Problem von Anfang an kommen. Seinen Bericht über Indanthrenblau an die Direktion der Badischen Anilin- & Soda-Fabrik am 17. Januar 1901 schließt er mit der Bemerkung: „Ob dieser neue Farbstoff technische Verwendung finden wird, läßt sich natürlich vorerst nicht sagen, es ist aber zweifellos hiermit der Beweis erbracht worden, daß es auch andere Farbkörper gibt, welche diejenigen tinctoriellen Eigenschaften besitzen, die bisher als allein dem Indigo zukommend, betrachtet worden sind. So ist dadurch die Gefahr in die Nähe gerückt, daß dem Indigo früher oder später ein beachtenswerter Concurrent auf bisher unbekanntem Gebiet entstehen kann."

REFUGIEN

Dessen ungeachtet sind nur kulturelle Enklaven mit festgefügter Handwerkstradition, die auf den besonderen Eigenschaften des Indigos aufbauen, treue Abnehmer geblieben. So die Tuareg, die stolzen Krieger-Hirten der Sahara, die wegen ihrer dunklen Indigo-Gewänder „die schwarzen Männer der Wüste" genannt werden.

Für sie ist außerdem der auf die braune Haut abgeriebene Indigo von besonderem Reiz, der auch auf das jeweils andere Geschlecht seine Wirkung nicht verfehlt. Deshalb überfärben sie das Gewebe so stark, daß ihm die winzigen Indigokristalle eine metallglänzende Oberfläche verleihen.

Wenn Armut die Menschen zu äußerster Bedürfnislosigkeit zwingt, muß es wenigstens noch für einen indigogefärbten Turban reichen.

Auch in der Färbung von Tuch nach der Plangi-Technik, bei der das Muster durch Abbinden und Knotung entsteht, bleibt man, vor allem in Zentralafrika, dem Indigo treu.

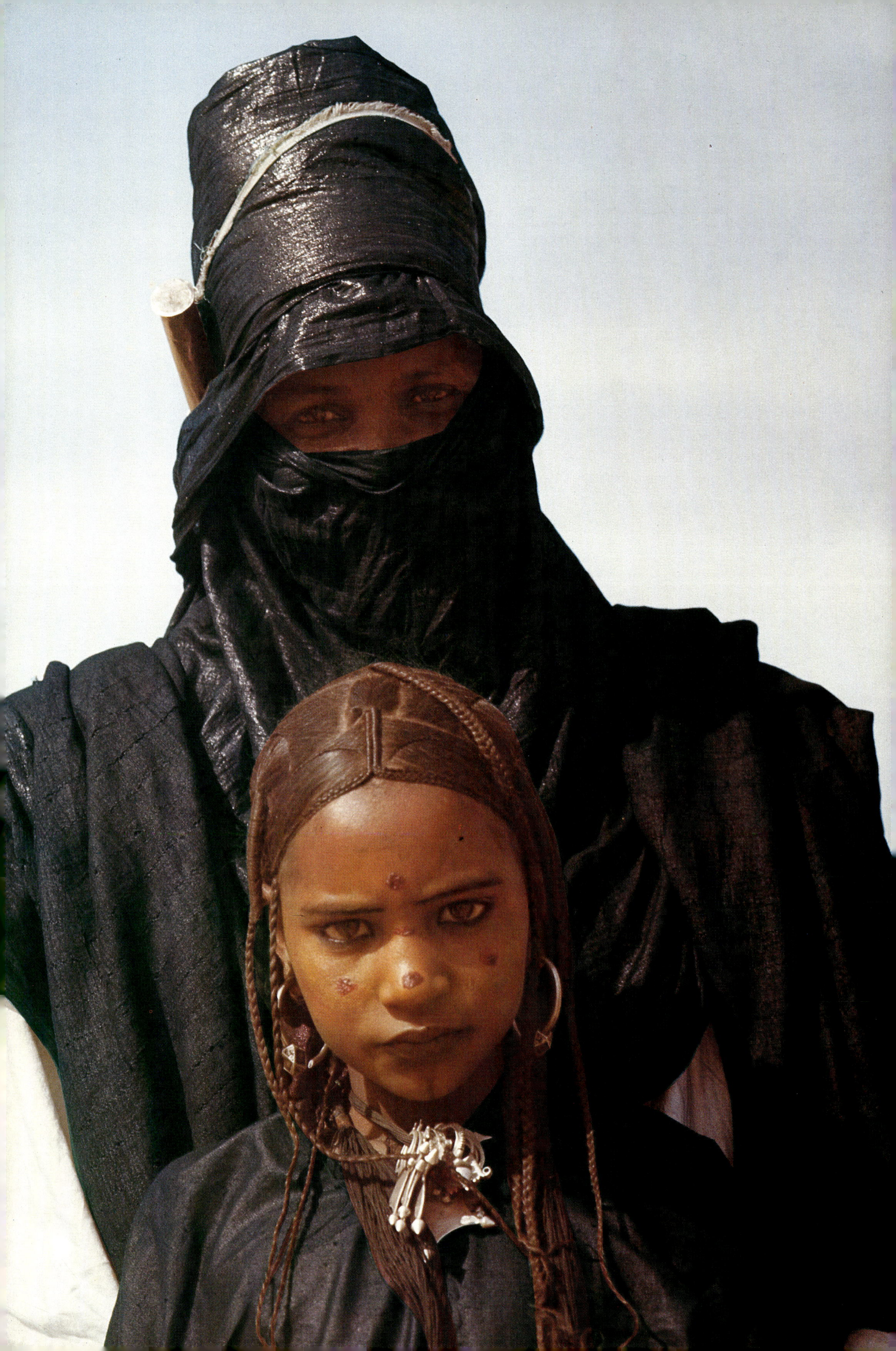

Bei den Tuareg, den stolzen Reitern der Sahara, gilt heute noch das Blau des Indigos als Schönheitsideal. Das Gewebe wird mit Indigo so übersättigt, daß ein metallischer Glanz auf der Kleidung entsteht. Die auf die Haut abgeriebene Farbe wird als „Make-up" geschätzt.

Nach der Plangi-Technik mit Indigo gefärbtes Tuch.

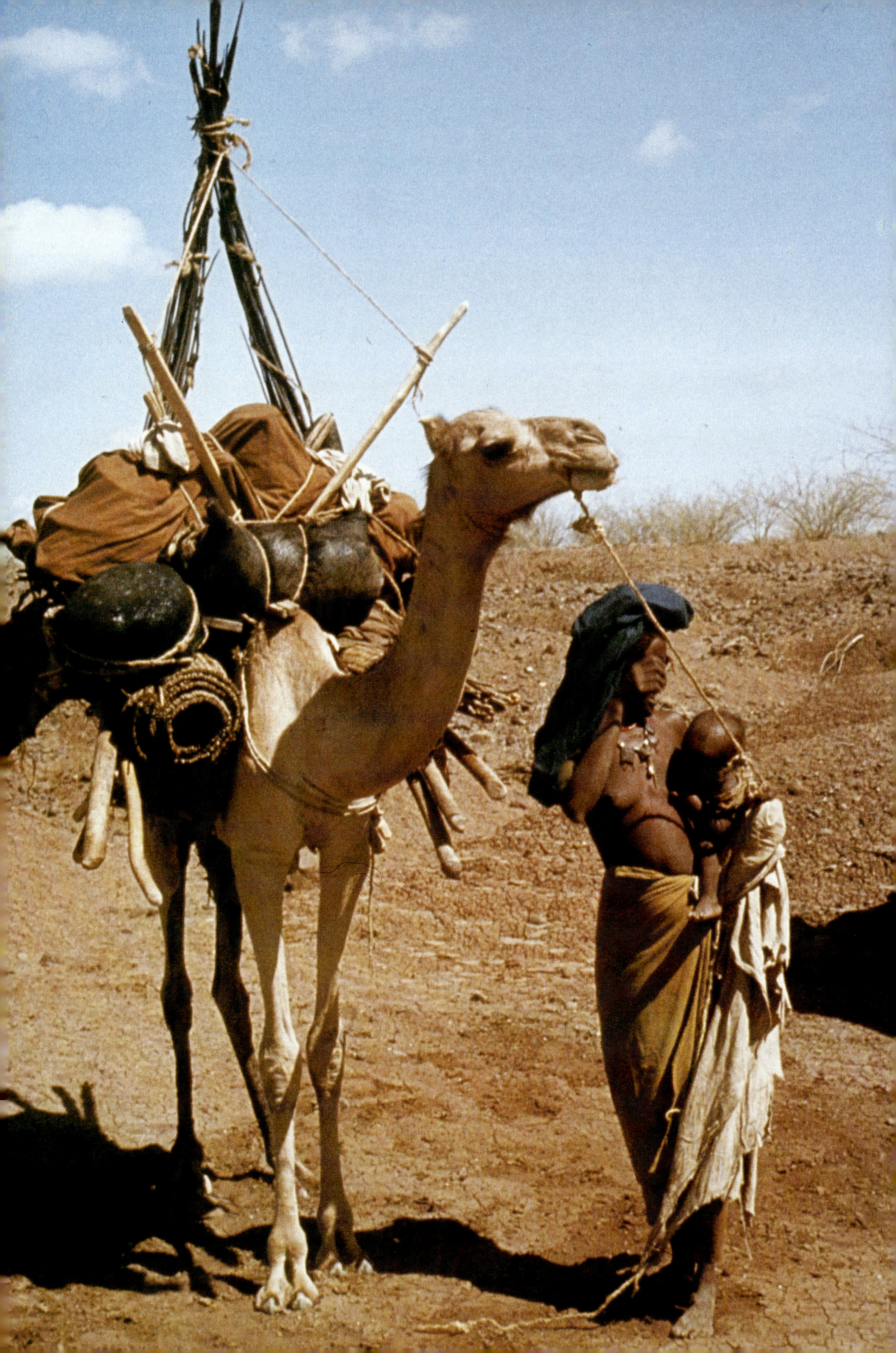

In Südostasien wiederum steht die Batik-Färberei heute noch in hohem Ansehen. Diese Reservetechnik nutzt die wasserabweisenden Eigenschaften des Wachses. Deshalb verzichtet sie nur ungern auf die einfach zu handhabende wäßrige Färbeflotte des Indigos.

Und die hohe Echtheit auf Wolle sichert dem Indigo seinen Platz in der Teppichherstellung des Vorderen Orients, besonders Afghanistans, wo er nach wie vor zu den Handelswaren der Basare gehört. Die Etiketten der BASF für die dorthin exportierten Gebinde sind dem landesüblichen Stil angepaßt.

Selbst bei äußerster Anspruchslosigkeit wird zumindest auf ein Stück indigogefärbten Tuches, wie es hier als Turban getragen wird, Wert gelegt.

Trotz allem ging die industrielle Herstellung von Indigo immer weiter zurück, so daß in aller Welt schließlich nur vier Firmen in der Indigo-Herstellung blieben.

In der BASF hat seine Herstellung eigentlich nur überlebt, weil seine Oxidation zu Isatin der günstigste Weg zu diesem wichtigen Zwischenprodukt war, das zu anderen Farbstoffsynthesen eingesetzt wird.

Als dann für Isatin eine unabhängige Synthese gefunden wurde und überdies die Marktpreise für Indigo einen Tiefstand erreichten, hing das Damoklesschwert der Kalkulation jahrelang an ganz dünnem Faden über der Indigo- Produktion. Mitte der 60er Jahre war man entschlossen, die Herstellung auslaufen zu lassen. Doch gerade rechtzeitig begann ein neues Kapitel in der wechselvollen Geschichte des damaligen Königs der Farbstoffe.

In Indonesien ist die Kunst des Batikfärbens weit verbreitet und hochentwickelt. Die wäßrige Indigoküpe eignet sich besonders gut für diese Färbetechnik.

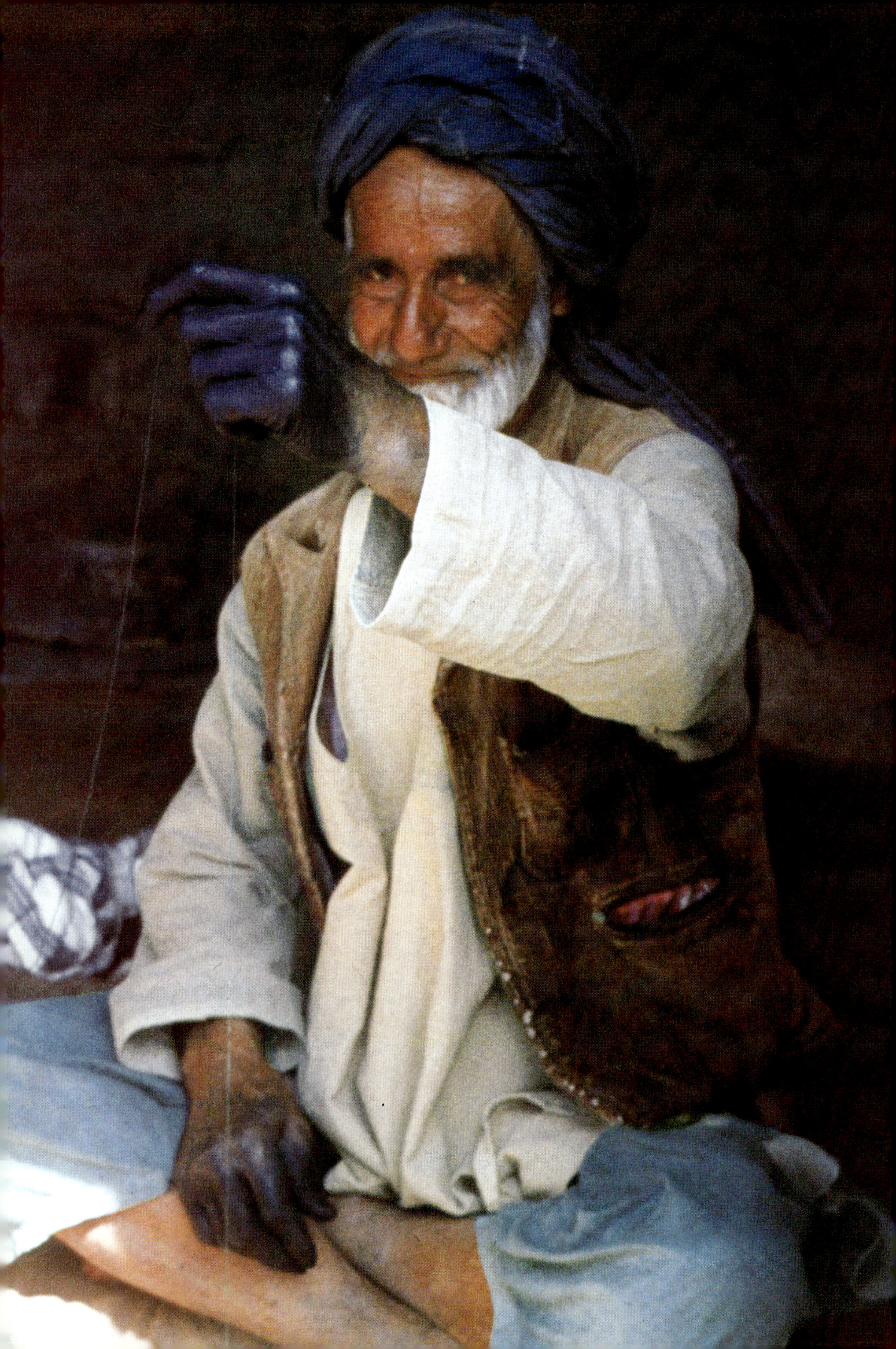

Ein Färber von Teppichgarn im Basar von Khulm (Afghanistan). Im Mittleren Osten wird Indigo bei der Wollfärberei für die Teppichherstellung seine traditionell vorherrschende Stellung nach wie vor behalten.

Zum Trocknen ausgehängte Wollstränge im Handwerkerviertel von Marrakesch.

Ein persischer Wollfärber färbt Material für die Teppichherstellung nach dem üblichen Verfahren.

DER PURPUR

Doch vor dieser bis jetzt letzten Epoche soll nochmals, in einem weiteren Rückgriff, auf einen nahen Verwandten des Indigos, den Purpur, zurückgekommen werden.

Über die Entdeckung dieses prächtigen Farbstoffes gab es schon im Altertum die Legende, daß der Schäferhund des phönizischen Gottes Melkart (Hercules Tyrius) nach dem Biß in eine Schnecke ein rotgefärbtes Maul bekam. Seinem Herrn entging dies nicht, und er begann, ein Tuch mit dem Farbstoff anzufärben.

Die Geliebte des phönizischen Herakles wünschte sich sehnlich ein purpurfarbenes Gewand, und der göttliche Partner erfüllte ihren Wunsch. Alsbald machte die Extravaganz der noblen Gesellschaft die Farbe zu ihrem Statussymbol. Die Leuchtkraft dieser Farbe, aber auch die Seltenheit und der hohe Preis gaben dem Benutzer ein augenfälliges Indiz dafür, daß er höher stand als die breite Masse.

Schon im zweiten Jahrtausend vor Christus sahen die hethitischen Könige im Purpurkleid ein Zeichen ihrer Majestät, und als Zeichen besonderer Gnade gaben sie den Purpurmantel an Höflinge, die sie belohnen wollten.

Wir wissen nur wenig darüber, ob der Purpur auch bei den Pharaonen diesen Rang des Herrschaftssymbols besaß. Aber in allen Reichen am östlichen Mittelmeer schmückten sich die Könige von Assur, von Babylon und Syrien mit dieser Symbolfarbe.

Im frühen Griechenland erfreute sich der Purpur großer Wertschätzung, und wir lesen bei Homer, daß die Helden und Führer, so Agamemnon, Odysseus und Achilles, Purpurmäntel und -decken benutzt haben.

Einen besonderen Höhepunkt erreichte diese Bedeutung im Persischen Reich, weil Purpur der Herrschaftsklasse vorbehalten war und auch da zur Auszeichnung besonders verdienter Personen vergeben wurde. Die so Ausgezeichneten, die „Purpurati", bildeten die Führungsschicht.

Um 1500 v. Chr. entdeckten die Phönizier das sonderbare Phänomen, daß eine bestimmte Meeresschnecke, die wir heute der Klasse der Vorderkiemer zuordnen, zur Färbung von Wolle geeignet ist. Diese Schnecke sondert an der Wand ihrer Atemhöhle einen farblosen Schleim ab, der auf textilen Fasern an Luft und Licht eine tiefviolette Färbung hoher Echtheit ergibt. Da eine solche Schnecke nur wenig Schleim enthält, war die Gewinnung mühsam und die Färbetechnik, die Ähnlichkeiten mit dem Indigofärben aufweist, aufwendig. Zur Gewinnung des Farbstoffes wurden die Schnecken getötet. Durch Gärung und Fäulnis trennte man das organische Material ab. Das war zwangsläufig mit erheblicher Geruchsentwicklung verbunden. In Tyrus, einem Zentrum der Purpurgewinnung, soll es damals ganz erbärmlich gestunken haben. Es hat also auch schon im Altertum durch handwerkliche Produktion massive Umweltprobleme gegeben. Deshalb sagt auch Plutarch, daß die Purpurfärber üble Banausen seien.

In Griechenland sehen wir in der 1. Hälfte des 5. Jahrhunderts, das erfüllt war von Kriegen zwischen Griechen und Persern, eine verbreitete Aversion gegen das „Orientalische und vor allem gegen den Purpur als dem Abzeichen des Despotismus". Erst im Laufe des nachfolgenden Jahrhunderts kam der Purpur wieder mehr in Mode. Wir finden bei Aristoteles in seiner „Historia Animalium" eine sehr genaue Schilderung der Arbeit der Schneckenfischer, das Fangen der Tiere in köderhaltigen Reusen und die Methode, die Speicheldrüse herauszuschneiden.

Die Färbekunst mit Purpur verbreitete sich an den Küsten Kleinasiens, die Produkte blieben jedoch wegen des extrem hohen Preises der Oberschicht vorbehalten.

In den verschiedenen Murex- Arten kommen Purpurderivate vor, aus denen sich der begehrte Farbstoff herstellen läßt.

Ein Vergleich mag dies deutlich machen: Heute zum Beispiel kostet ein mit Indigo gefärbter Stoff rund 5 bis 10 Prozent mehr als die Rohware. Die purpurgefärbte Wolle war zwanzigmal teurer als das Ausgangsmaterial, also eine Steigerung von 2 000 Prozent. Für besonders reine Färbungen wurde sogar ein Mehrfaches davon verlangt.

Die unter dem Kaiser Diocletian im Jahre 301 herausgegebene Preisliste für viele Güter enthält Preise für 16 verschiedene mit Purpur gefärbte Textilien. Sie schwankten zwischen etwa 10 000 und, an der Spitze, 150 000 Denaren für ein Gewichtsteil. Letztere Zahl ist ein Vielfaches des Lohnes, den ein Bäcker in 1 000 Tagen verdiente.

Da darf man sich nicht wundern, daß zahlreiche Versuche gemacht wurden, den Purpur durch Fälschungen zu verdrängen. Der „Papyrus Stockholm" enthält zahlreiche Vorschriften.

Der Purpur wurde schon früh bei den Ägyptern verwendet. Ein Papyrus aus der Zeit Ramses II. erwähnt das Purpurfärberei-Gewerbe.

Vitruvius unterscheidet zwischen zwei verschiedenen Gruppen von Purpurfärbern, nämlich den „infectores purpuratii violaceum" und den „infectores purpuratii rubrum", also den Färbern des mehr violetten Purpurs und denen des leuchtend roten Purpurs, der in Tyrus gefärbt wurde, wie uns Plinius der Ältere berichtet.

Plinius unterscheidet auch mehrere Purpurschnecken, vor allem *purpura* und *pelagium*. Die erstere ist wohl identisch mit *Murex trunculus*, die zweite mit *Murex brandaris*, aber nicht identisch mit *Purpura haemastoma*, welche in Tyrus den roten Purpur „βλαττα" lieferte.

Die ökonomische Eingrenzung des Abnehmerkreises zog bald eine politisch-hierarchische nach sich. Purpur wurde die Farbe der Könige. Im jüdischen Kulturbereich, der unmittelbar an den phönizischen grenzte, legt schon das Buch Exodus den Purpur, und zwar den blauen (tekhelet) und den roten (argaman), als Farbe für das heilige Zelt und für die Kleidung der Priester fest.

Die Mazedonier enthielten sich der Benutzung des Purpurs ebenso wie die Spartaner. Aber Alexander der Große machte schon früh die Bekanntschaft mit der persischen Kleiderregel, und als er auf seinem Feldzug in Susa einen großen Vorrat von purpurnen Stoffen erbeutet hatte, wandte auch er sich dem Brauch zu, seine Heerführer und Offiziere mit Purpurgewändern auszuzeichnen. Die Höflinge und Staatsdiener wurden „Purpurati".

Die Totenkleidung Alexanders war sein Prachtornat, und sein Sarg wurde mit einer leuchtenden Purpurdecke geschmückt.

Zu Catos des Jüngeren Zeiten wurde hochroter Purpur modern. Der Republikaner Cato blieb jedoch bei dem dunklen.

Im republikanischen Rom trugen nur die Zensoren und die siegreichen Generäle komplett mit Purpur gefärbte Kleidung, während die Konsuln und Prätoren nur Togen mit Purpurbesatz hatten und die Generäle im Feld einen Purpurmantel.

Caesar erließ strenge Richtlinien. Das Recht, Purpur zu tragen, war nur den hohen Amtsinhabern zugesprochen und wurde alsbald verengt. Der Purpurmantel war das Privileg des Herrschers, die hohe Beamtenschaft trug nur purpurne Streifen. Vermutlich gehen die roten Streifen an den Uniformen der Generalstäbler auf diese Tradition zurück.

Als Marc Anton die ägyptische Königin Kleopatra, die eine Weile politisch gegen die Caesar-Mörder gewirkt hatte, zu einem Strafprozeß nach Tarsus vorgeladen hat, erschien sie zum Termin auf einem vergoldeten Schiff stehend, in purpurnem Gewand und unter einem purpurnen Segel. Das dürfte sogleich den Prozeß entschieden haben. Es war dann auch das goldene Schiff mit dem purpurnen Segel, auf dem Marc Anton nach der Niederlage bei Actium nach Ägypten entwich.

Schon um die Zeitwende führten Phönizier, die zu den Puniern ausgewandert waren, die Zucht der Purpurschnecke und die Färbetechnik mit Purpur in Kerkouane ein, einer Stadt, die nicht weit entfernt liegt von Kbor-Klit, wo einst Caesar den ptolemäischen Fürsten Juba I. besiegt hatte.

Die Ptolemäer betrieben das Purpurgeschäft weiter auf den Purpurinseln vor der Küste von Essaouira im heutigen Marokko.

Jubas II. Sohn Ptolemäus beging die Unvorsichtigkeit, im Purpurmantel einen Besuch am kaiserlichen Hof zu machen. Das reizte den Kaiser Caligula, seinen Vetter und Gast sofort umbringen zu lassen.

Unter Nero kam ein Gesetz heraus, wonach nur die göttliche Person des Kaisers Purpur tragen durfte.

In der Tat; durch ein Edikt der Kaiser Valentinian, Theodosius und Arcadius im 4. Jahrhundert wurde es ein Kapitalverbrechen, den königlichen Purpur anderswo als in den kaiserlichen Farbwerken herzustellen. Das Privileg, den echten Purpur zu tragen, war nur dem Kaiser vorbehalten.

Theodosius setzte später für das unerlaubte Tragen von Purpur die Todesstrafe ein.

Nach dem Fall von Tyros siedelten sich die Purpurfärber in Byzanz an. Nachdem die Kreuzfahrer von Byzanz Besitz ergriffen hatten, wich die dort blühende Purpurfärberei im Zuge der Unruhen nach Sizilien aus, wo sie unter den Normannenkönigen besonders in Tarent, Syrakus und Palermo zu besonderem Ansehen gelangte.

Der Krönungsmantel von Roger II., den der Stauferkaiser Friedrich II. in den Reichsschatz einfügte, galt lange als eines der schönsten Belegstücke für die hohe Kunst des Färbens. Das kann gar nicht bestritten werden. Nur eines ist falsch: Der Mantel ist nicht mit Purpur gefärbt. Schon der bloße Anblick läßt den Betrachter zweifeln. Das leuchtende Rot ist nicht die Farbe des Purpurs. Es ist die rote Farbe des Kermes, des Farbstoffs aus dem Körpersaft der weiblichen Kermeslaus (Kermes vermilio), der in dieser Zeit weithin für Prachtgewänder hoher Herren, auch in der Kirche, verwendet wurde.

Neben der Textilfärbung gewinnt der „heilige Purpur" früh Bedeutung in der Buchkunst. Es gibt eine Reihe von Bibeln, deren Pergamentblätter mit Purpur grundiert sind. Mit der meist in Gold oder Silber abgefaßten Schrift geht von diesen Zeugnissen mittelalterlicher Gläubigkeit ein besonderer Reiz aus.

Für kostbare Bücher verwendete man im Mittelalter Pergament, das mit Purpur gefärbt war. Dieser Ausschnitt einer Miniatur aus dem Evangeliar von Rossano, Kalabrien (6. Jahrhundert), zeigt Christus vor Pilatus.

Auf einem Markt an der Pazifikküste Mexikos werden „Sarape" genannte Ponchos angeboten, in deren Stof[f] mit Purpur gefärbte F[äden] den eingewebt sind.

Durch die Bevorzugung des Farbstoffes der Kermes-Schildlaus für kirchliche Gewänder und das Aufkommen synthetischer Farbstoffe starb die Purpurfärberei immer mehr aus.

Ende der sechziger Jahre wurde aber bekannt, daß die mexikanischen und peruanischen Indios an der Pazifikküste den Purpur zum Färben von Baumwolle und Wolle verwenden. Sie nutzen den Speichel von Schnecken der Gattung *Purpura*, die an den Felsen der Pazifikküste vorkommt, als Farbstoffquelle, wie es die Phönizier taten.

Im Gegensatz zu den Phöniziern töten die Indios in Mexiko ihre Beutetiere nicht, sie melken sie nur. Die Schnecken werden auf das meerwasserfeuchte Wollgewebe gesetzt, durch Beträufeln mit Zitronensaft zur Absonderung des Sekretes gebracht und danach wieder ins Meer gegeben. Das Gewebe färbt sich an Luft und Sonne in wenigen Minuten.

Die Purpurfärberei hat auch im alten Amerika eine lange Tradition. Die Gräber der Kulturen von Nazca, Paracas und Ica (200 v. Chr.) und anderen liefern den Beleg.

Die Arten, die die Inka und ihre Vorläufer benutzten, sind andere. Die Gattung *Thais chocolata* ähnelt in Gestalt und Größe der, die von den Färbern im östlichen Mittelmeer geerntet wurde. Ganz anders sehen die Flachschnecken aus, hier *Conchelapas peruviana*, die auch heute noch auf den Fischmärkten von Peru als „Abalone" angeboten werden. Wer heute über den Markt von Pisco schlendert, sieht den Purpur aus jeder Schnecke hervorquellen.

Wir haben hier sicher eine weit zurückreichende kulturelle Leistung vor uns, die ganz unabhängig von der mediterranen Entwicklung entstanden ist. Aber selbst an der Pazifikküste gibt es unterschiedliche Entwicklungen. Die Indiofrauen bei Acapulco färben Wolle und erzielen darauf ein strahlendes Malvenrosa.

Die Inka scheinen im wesentlichen ihre Baumwolle gefärbt zu haben mit dem Ergebnis eines ziemlich trüben, aber persistenten Rotbrauns. Das zeigt ein alter „Druck" aus einem Nazca-Grab. Die menschliche Hand dient dabei als ein erster Druckstock, wie es nicht anders gewesen sein kann. Den exorzistischen Sinn des Hand-Males dürfen wir dabei nicht übersehen.

Verschiedene Seeschnecken, wie sie heute noch auf dem Markt in Peru zu sehen sind, und aus denen die Inka Purpur gewonnen haben, um Baumwolle oder Wolle zu färben.

Die Inka haben auch die menschliche Hand als Druckstock verwendet, um Purpur auf Baumwollgeweben abzubilden.

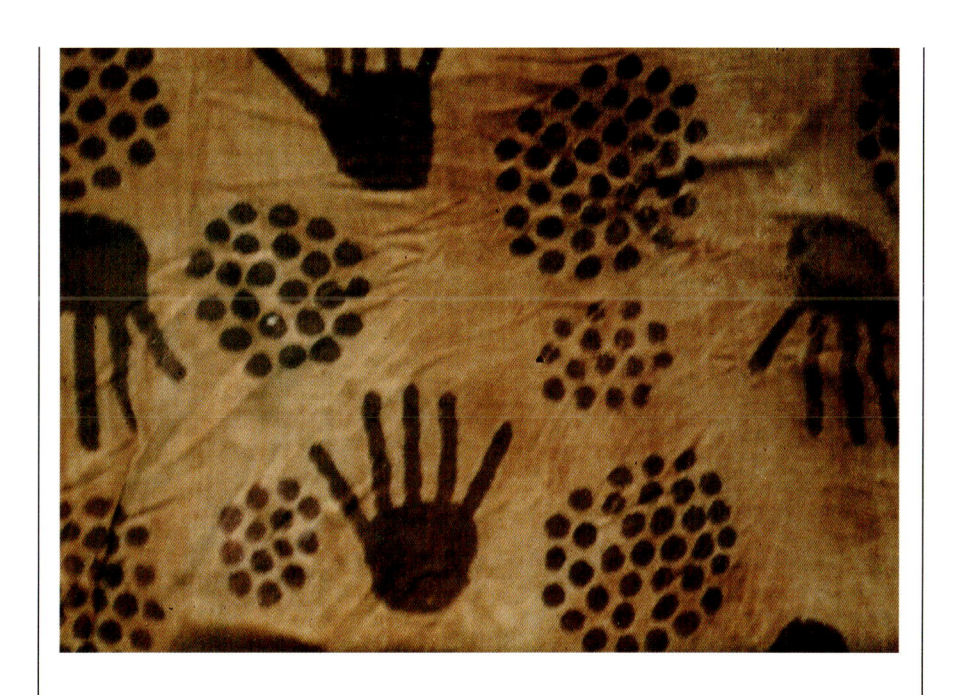

Die heutige und die alte Purpurfärberei in Mexiko und Peru führt uns auch zu der Frage, ob die Hochkulturen des präkolumbischen Amerika den Indigo kannten und verwendeten. Natürlich kannten sie ihn.

Die eingangs erwähnte Ähnlichkeit mit der Indigofärberei, nämlich über eine farblose Küpe, hat den Verdacht einer strukturellen Verwandtschaft beider Farbstoffe genährt. Friedländer konnte um 1910 aus 12 000 Schnecken 1,4 Gramm Farbstoff isolieren und diese Vermutung durch die Analyse bestätigen: Purpur ist das 6,6'-Dibrom-Derivat des Indigos. Der Chemiker war nicht nur überrascht, in der Natur eine Bromverbindung zu finden, er mußte auch erkennen, daß die Brom-Atome gerade an den Stellen des Benzolringes sitzen, die den

Substitutionsregeln widersprechen. Deshalb ist eine synthetische Herstellung auch umständlich und technisch aussichtslos teuer.

Purpur — 6,6'-Dibrom-indigo

Die spätere systematische Untersuchung dieser Verbindungsklasse förderte eine weitere Überraschung zutage. Während alle anderen Halogenderivate den Farbton des Indigos ins Grünstichige verschieben, wovon übrigens technisch Gebrauch gemacht wird, ändert sich nur bei der im Purpur vorliegenden Position der Brom-Atome die Farbe in die rötliche Richtung, also zur Purpurfarbe. Die Sonderstellung, die der Purpur in Kultur und Geschichte eingenommen hat, ist also auch vom wissenschaftlichen Standpunkt durchaus gerechtfertigt.

INDIGO UND PURPUR

Physiologisch ist die Entstehung der Indoxyl-Struktur aus dem Eiweiß-Baustein Tryptophan gut zu erklären, und entsprechende Derivate finden sich auch bei genauem Hinsehen in vielen Organismen. Im tierischen Organismus ist das Indoxyl meist mit Schwefelsäure verestert.

Dennoch bleibt es ein Phänomen, daß zwei völlig verschiedene Entwicklungslinien der Evolution, nämlich einerseits einige Familien von Pflanzen und andererseits eine Gattung von Meeresschnecken, diese Substanzklasse in größeren Mengen hervorbringen. Hier drängt sich die Frage nach den Prinzipien und Abläufen der Evolution auf. Wir kennen die Antwort nicht. Es soll nur folgender Gedanke eingefügt werden: Hätte ein Chemiker den Auftrag, aus den Baustoffen des Lebens, also im wesentlichen aus Kohlenstoff-, Wasserstoff-, Stickstoff- und Sauerstoff- Atomen, unter geringstem Materialaufwand den lichtechtesten Blaufarbstoff zu synthetisieren, so müßte er letztlich auf den Indigo stoßen. Es gibt keine einfachere molekulare Struktur mit diesen Eigenschaften.

Und der Auftrag, durch Substitution zu einer Rotverschiebung des Farbtones zu gelangen, würde zwangsläufig zum 6,6'-Dibrom-Indigo führen, wie er im Purpur vorliegt. Die Tatsache, daß beide Verbindungen in ihren jeweiligen biologischen Systemen nicht einmal als Farbstoff vorliegen, also unter anderen Parametern der Selektion entstanden sein müssen, macht das Phänomen nur noch rätselhafter.

Natürlich haben die Chemiker Synthesewege für viele Naturprodukte entwickelt, die direkter verlaufen, und viele neuartige Produkte synthetisiert, deren Eigenschaften den menschlichen Bedürfnissen noch besser entsprechen. Was dem Synthetiker aber Respekt abverlangt ist die Tatsache, daß die Natur ihre ungeheuere synthetische Vielfalt unter den denkbar mildesten Reaktionsbedingungen hervorgebracht hat.

Eine Gruppe von Wissenschaftlern der Universität Bayreuth hat beobachtet, daß bestimmte Bakterien mit der Waidpflanze vergesellschaftet leben. Diese Bakterien produzieren das Enzym Indoxyl-ß-D-glucosidase. Dieses spaltet im Waidmus enthaltene Indigo-Vorstufen, so daß Indigo entsteht.

Ebenso ist es gelungen, Indigo aus Tryptophan mit Hilfe von genetisch veränderten Coli-Bakterien experimentell zu erzeugen.

Wären wir darauf angewiesen, in wäßrigem neutralem Milieu, im Temperaturbereich zwischen 0 und 40 Grad und nur unter Normaldruck zu arbeiten, also wie die Natur es tut, wir hätten nichts Vergleichbares vorzuweisen. So gleicht die technische Synthese von Indigo mit Alkalischmelzen von mehreren hundert Grad eher den Bedingungen im Krater eines Vulkans als dem milden Saftstrom einer Pflanze. Auch in der Chemie bestätigt sich das tiefsinnige Wort von Friedrich Hebbel: „Der Mensch kann die Natur nicht erreichen, nur übertreffen; er ist entweder über ihr oder unter ihr."

DAS COMEBACK

Doch nun zurück zu unserem zentralen Thema, dem Indigo. Wir hatten die Verfolgung seines Weges dort abgebrochen, wo sein Schicksal endgültig besiegelt schien. Die BASF als einer der wenigen Hersteller in der Welt war im Begriff, die Produktionsbetriebe zu schließen. Da stellten ihre Kaufleute Ende der sechziger Jahre zu ihrer eigenen Überraschung eine Belebung der Nachfrage fest, die von den USA ausging. Dort hatte der Indigo eine interessante Belebung erfahren.

Levi Strauss schneiderte aus indigogefärbtem Zelttuch strapazierfähige Kleidung für die Goldgräber und fand damit seine eigene Goldader.

Im Jahr 1850 kam ein zwanzigjähriger Kaufmann aus Bayern, Levi Strauss, nach San Francisco. Abweichend von der Gepflogenheit, den mitgebrachten Kanevas zu Zeltbahnen und Wagenplanen zu verarbeiten, färbte er ihn mit Indigo und schneiderte daraus strapazierfähige Kleidung für die rauhen Goldgräber, die in Massen nach Kalifornien geströmt waren. So fand er seine eigene, heute noch ergiebige Goldader. Aus Frankreich ließ er sich zusätzlich robusten, indigogefärbten Drillich kommen, der insbesondere im Textilzentrum Nîmes hergestellt wurde. Aus diesem „Bleu de Nîmes" wird „Blue Denim", die heutige Bezeichnung für diese derbfeste Textilart. Strauss war der Erfolgreichste, aber nicht der Erste mit dieser Idee.

Genuesische Seeleute hatten die guten Gebrauchseigenschaften des indigogefärbten Drillichs schon vorher erkannt. Von ihnen blieb aber nur eine semantische Spur. Das französische „Bleu de Gènes" wurde im Englischen zu „Blue Jeans". Diese setzten sich in dem traditions- ungebundenen und pragmatischen Amerika als Berufs-, Arbeits- und schließlich Freizeitkleidung mit großem Erfolg durch. Ihr eigentlicher Siegeszug begann aber erst, als neben den Gebrauchswert dieser Kleidung ihr Symbolcharakter trat.

Was sich für uns in den endsechziger Jahren anhand der Indigo-Nachfrage als ein Kräuseln an der Oberfläche bemerkbar machte, zeigt in Wahrheit Veränderungen in der gesellschaftspolitischen Grundströmung an. Die Jugend erkennt die in der Leistungsgesellschaft geltenden Wertmaßstäbe nicht mehr unbesehen an. Das

Perfekte ist ihr suspekt, gilt als Ausdruck einer Lebenseinstellung, die sie ablehnt. Und was signalisiert diese Ablehnung besser als eine Jeans, und zwar eine solche, die mit Indigo, einem unzulänglichen Farbstoff, gefärbt ist.

Verwaschen, an den beanspruchten Stellen wegen der schlechten Reibechtheit des Indigos gebleicht, so treten die Jeans ihren Siegeszug an. Sie werden, so widersprüchlich das klingt, zu der Uniform der Nonkonformisten. Die Ironie der Geschichte will es, daß der König der Farbstoffe, der einst dem Establishment vorbehalten war, nun dem Non-Establishment, dem „Njet-Set", als Erkennungszeichen dient.

ue Jeans, die Uniform
er Nonkonformisten.

Die Nachfrage stieg in diesen Tagen so rapide, daß der Indigo knapp wurde. Die Preise kletterten, Spekulanten versuchten ihr Glück. In einer solchen Situation treibt die Mode ja seltsame Blüten: Mit echteren Farbstoffen, wie sie inzwischen in der Textilbranche üblich sind, wurden gezielt schäbig aussehende Färbungen und Farbdrucke hergestellt („worn denim look").

Aber ist der Ausdruck „Mode" hier noch am Platz? Mode ist so etwas wie eine Geschmacksepidemie. Was sich hier abspielte, war aber mehr, es war eher eine Gesinnungsepidemie, und das Kleidungswerk war nur ihr Ausdruck. Kulturgeschichtlich ist der Vorgang noch aus einem anderen Grunde höchst bemerkenswert. Erstmals lief hier, begünstigt durch die weltumspannenden Kommunikationswege, eine Mode, in diesem erweiterten Sinn, um die Erde. Sie macht keine Unterschiede zwischen den Geschlechtern, kennt keine Barrieren zwischen den Kontinenten, keine Grenzen zwischen den Staaten und Kulturen und zeitweilig kaum zwischen den Generationen. Selbst die osteuropäischen Staaten, die sich gegen unkontrollierte westliche Einflüsse abzuschotten suchten, konnten die Begehrlichkeit ihrer Jugend nach diesem Kleidungsstück in ihrem Machtbereich nicht unterdrücken.

Die indigogefärbten Jeans wurden Ausdruck einer veränderten Einstellung, respektlos und unkonventionell. Über die Auswirkung dieser Bewegung kann man durchaus geteilter Meinung sein, zumal ihr Spektrum von kritischer Überprüfung der alten Normen bis hin zu Leistungsverweigerung und Hedonismus reicht. Dieser Signalcharakter spielt auch heute noch durchaus eine Rolle. Aber daneben hat die Jeansmode auch schlicht als legere Freizeitkleidung ihre Liebhaber gefunden.

Fassen wir zum Schluß die Aspekte des Phänomens Indigo noch einmal zusammen: Zweimal lief dieses rätselhafte Produkt um die Welt.

Vor 5 000 Jahren begann es als Naturprodukt seinen Zug als eine kulturelle Errungenschaft, als

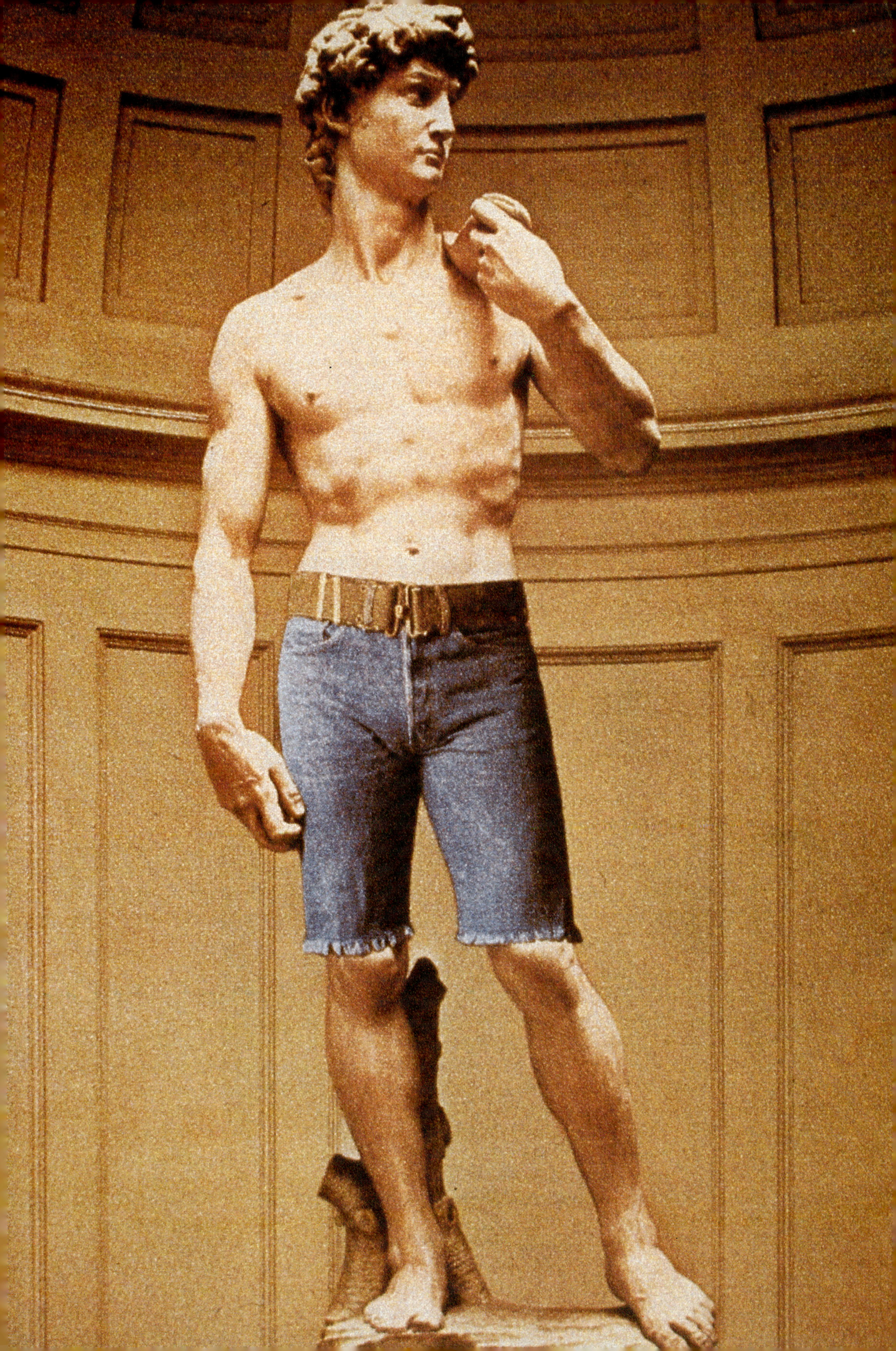

der textile Schmuckfarbstoff im blauen Bereich, als eine königliche Nuance, als eine Bejahung der Erlebensbedürfnisse des Menschen. Am Ende dieser langen Wanderung hat der Indigo dann die moderne Wissenschaft und Industrie nicht wenig in Atem gehalten.

Stürmisch lief in den sechziger und siebziger Jahren seine zweite Welle um die Welt. Nun wurde der blaue Stoff ein Symbol der Verneinung, der Zweifel am Erreichten, der kritischen Einstellung zu etablierten Wertvorstellungen.

Ich möchte die schwierige Frage der kulturhistorischen Bewertung einmal außer Betracht lassen, vielmehr das Augenmerk auf das mit diesem Farbstoff verbundene Phänomen einer weltweiten Solidarisierung lenken. Ich kann nur hoffen, daß in Zukunft auch andere Impulse ähnlich auf weltweite Resonanz stoßen; zu wünschen wären solche für den Frieden und für eine gemeinsame Verantwortung für unseren Planeten. Für mich, der ich die vieltausendjährige Geschichte des Indigos mit besonderem Interesse verfolge, seit ich sein Schicksal in der BASF an einem Wendepunkt bestimmt habe, und nun die aktuelle Rolle, die er heute spielt, fasziniert beobachte, bleibt die Zuversicht: Der Indigo wird uns auf dem Weg in die Zukunft wohl noch ein ganzes Stück weiterbegleiten.

Literatur

Bohn, René: Bericht an die Direktion der BASF vom 17.1.1901 betr. Indanthren. Firmenarchiv der BASF.
Gardi, René: Sahara. Kümmerly u. Frey, Geographischer Verlag Bern, 1967.
Gardi, René: Plangi und Tritik. In: Die BASF, Heft 4, 12. Jahrgang, 1962.
Gardi, René: Farben in Kamerun. In: Die BASF, 23. Jahrgang, Sept. 1973.
Hoffmann, Roald: The royal purple and the biblical blue. Textiles and apparel seminar February 7, 1991.
Mai's Weltführer Nr. 30: Nordafrika – Marokko, Algerien, Tunesien, Libyen. Mai's Reiseführer Verlag, Frankfurt am Main, 1983.
Leroi-Gourhan, André: Prähistorische Kunst – Die Ursprünge der Kunst in Europa. Reihe Ars antiqua.
Herder-Verlag Freiburg/Brsg., 3. Auflage 1975.
Ploss, Emil Ernst: Ein Buch von alten Farben – Technologie der Textilfarben im Mittelalter.
Heinz Moos-Verlag München, 3. Auflage 1973.
Ploss, Emil: Purpurfärben in der Antike. In: Die BASF, Heft 4, 12. Jahrgang, 1962.
Presser, Jacques: Napoleon – Das Leben und die Legende. Manesse-Verlag, Zürich.
Renz, Alfred: Marokko. Prestel-Verlag, München, 1984.
Schweppe, Helmut: Nachweis der Farbstoffe auf drei Gewändern des Krönungsornates der Kaiser des Heiligen Römischen Reiches. BASF Aktiengesellschaft.
Wald, Peter: Der Jemen – Nord- und Südjemen. Antikes und islamisches Südarabien – Geschichte, Kultur und Kunst zwischen Rotem Meer und Arabischer Wüste. DuMont Buchverlag, Köln, 1980.
Weeber, Karl-Wilhelm: Karriere eines Farbstoffes – Der Purpur als Statussymbol im Altertum. In: DAMALS, Heft 7/Juli 1990.
Weitzmann, Kurt: Spätantike und frühchristliche Buchmalerei. Prestel-Verlag München, 1977.
Zu der in festem Zustand des Indigo vorliegenden „trans-Form", die erst 1928 durch Röntgenuntersuchung festgestellt wurde, vgl.: Reis A. u. W. Schneider: Z. Kristallographie 68, 543, 1928. Vgl. auch Egerton, G. S. u. F. Galil: J. Soc. Dyers Colourists 78, 167, 1962. Sowie: Heller, G.: Ber. dtsch. chem. Ges. 69, 564, 1936 und 72, 1858, 1939.
Zum Nachweis der Identität von antikem Purpur und Dibromindigo vgl. Friedländer, P.: Mh. Chem. 28, 991, 1907 und 31, 247, 1910; Ber. dtsch. Chem. Ges. 42, 765, 1909.

zu „Spaltung von Indigo-Vorstufen": Universität Bayreuth, Lehrstuhl für Mikrobiologie (Prof. Dr. O. Meyer)

Bildnachweis

Ägyptisches Museum – Staatliche Museen Preußischer Kulturbesitz, Berlin (Foto: Margarete Büsing): S. 27.
Archiv Preußischer Kulturbesitz, Berlin: S. 53.
E. u. O. Danesch: Natur im Nahbereich. Hallwag-Verlag, Bern 1973: S. 11.
Deutsches Museum, München: S. 55, 58 oben.
DIE BASF, Heft 2/1977: S. 13; Heft Sept. 1973: S. 71.
R. Gardi: Sahara. Bern, 1967 (mit freundlicher Genehmigung des Autors): S. 70.
Levi Strauss Germany GmbH, Heusenstamm: S. 93, 95, 97, 98.
U. H. Mayer, Düsseldorf: S. 77
K. Paysan, Stuttgart: S. 10 oben.
E. E. Ploss: Ein Buch von alten Farben. Heinz Moos-Verlag, München, 3. Aufl. 1973: S. 41
Privatfoto: S. 14, 20, 33, 35, 36, 37, 38, 72, 74, 76, 80, 86, 88, 89. (Für die Überlassung der Fotos S. 14 und 35 gebührt herzlicher Dank: Herrn Prof. Dr. Werner Rauh, Heidelberg.)
Staatliches Museum für Völkerkunde, München: S. 10.
Staatsbibliothek – Preußischer Kulturbesitz, Berlin: S. 40.

Textilmuseum Neumünster: S. 24.
Unternehmensarchiv BASF: S. 8, 17, 47, 48, 51, 54, 56, 58 unten, 63, 66, 68, 73.
Wallraf-Richartz-Museum, Köln: S. 30.
K. Weitzmann: Spätantike und frühchristliche Buchmalerei. Prestel-Verlag München 1977: S. 85.
Westermanns Historischer Atlas, Georg Westermann Verlag. Braunschweig, 1956: S. 21.

NEUERSCHEINUNG!

DIE UMFASSENDE DOKUMENTATION ÜBER NATURFARBSTOFFE

H. Schweppe

Handbuch der Naturfarbstoffe

Vorkommen · Verwendung · Nachweis

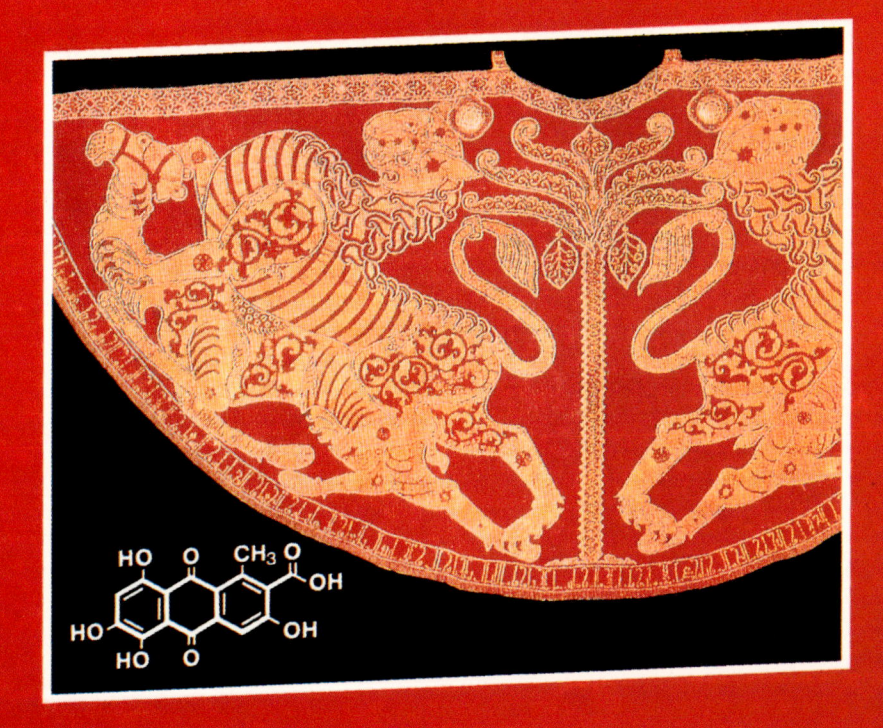

ecomed

- Färbepflanzen, Farbstoffinsekten, Mollusken und Naturpigmente
- Umfangreicher chemischer, botanischer und zoologischer Index
- Über 150 Naturfarbstoffe aus 19 chemischen Stoffgruppen mit über 400 Konstitutionsformeln
- Über 220 Farbabbildungen
- Analytische Nachweismethoden: UV- und FTIR-Spektroskopie mit 72 FTIR-Spektren 22 Dünnschicht-Chromatogramme

ecomed

Leinen-Hardcover, 800 Seiten, Format 21 × 28 cm, ISBN 3-609-65130-x

298,–